# 製
# 養生
# 豆漿大全

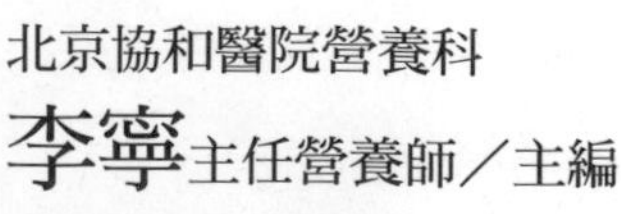

北京協和醫院營養科
李寧主任營養師／主編

# 前言

《黃帝內經》中言：「五穀為養」。意思是說，人的主要食物來源於五穀。一般認為，五穀是指稻、黍、稷（粟）、麥、菽（大豆），其中菽指的就是豆類。由此可見，豆類對人的健康有多麼重要的作用。

可是，豆類吃起來口感不太好，不僅硬，還有怪味。於是，聰明的先人發明了豆漿。豆漿口味香濃，不僅好喝，還能強身健體，對養生大有好處。人們也常說：「一碗熱豆漿，驅寒暖胃保健康」。可見豆漿在中華地區的飲食文化裡是多麼不可或缺。

以前喝豆漿要依靠一方石磨，現在不同了，一台豆漿機或果汁機就能滿足全家人的需求。這本書更是根據養生功效、四季變化、不同人群等的需要，提供給讀者一百多種豆漿新作法；同時列出每種豆漿的養生宜忌，適合什麼族群、不宜搭配何種食物等都一一加以說明，不僅把美味的豆漿呈獻給大家，更把健康、快樂的生活理念傳遞給每一個愛家的人。

願這一杯香濃的豆漿，有如家人濃濃的愛常伴隨你左右！

# 豆漿中的八大營養素

## 1 大豆異黃酮——純天然植物雌激素

大豆異黃酮又稱純天然的植物雌激素，是一種具有多種重要生理活性的天然營養因子，對體內的雌激素具有雙向調節作用。

### 主要受益族群

**中老年女性**：女性 30 歲後體內的雌激素逐漸下降，到了更年期更會下降到正常指標的 15%，導致月經不調、色斑、骨質疏鬆等症。異黃酮可為身體補充雌激素，預防和治療此類病症。此外，大豆異黃酮還具有調節血脂、預防心血管疾病、降低膽固醇、預防老年癡呆等作用。

**愛美女性**：雌激素可使女性皮膚光滑、富有彈性，煥發青春光采；啟動乳房中的脂肪組織，使游離脂肪定向增加到乳房，達到豐胸的效果。現代女性長期補充大豆異黃酮有助於調節雌激素濃度、延遲停經期，達到延緩衰老的作用。

## 2 優質大豆蛋白——明顯降血脂

蛋白質是人體所需第一營養素。大豆蛋白源於大豆，所含的人體「必需胺基酸」含量充足、成分齊全，屬於優質蛋白質，是唯一可以與肉類相媲美的植物性蛋白質。(編按：「必需胺基酸」是指只存在食物中，動物無法合成，只能由食物中攝取的胺基酸)

### 主要受益族群

**高血脂族群**：大豆中的蛋白質是植物性的完全蛋白質，可以給我們提供每天所必需的蛋白質和胺基酸，有強身健體、增強抵抗力的作用。

**冠狀動脈心臟病族群**：大豆和豆漿中既含有豐富的胺基酸，又含有植物固醇，可以減少膽固醇的吸收。

**減肥族群**：大豆中的蛋白質是唯一來自於植物的完全蛋白質，食用大豆蛋白質既能保證蛋白質攝入量，又可避免攝入大量動物脂肪。

## 3 大豆卵磷脂——天然腦黃金

大豆卵磷脂是大豆中所含的一種脂肪，被稱為「天然腦黃金」。卵磷脂是人體細胞的基本構成成分，對細胞的正常代謝及生命過程具有決定作用。它能促進膽固醇的排出、抗動脈粥樣硬化;組成細胞膜，使細胞活化;使腦機能活化，預防老年性癡呆。它也是肝臟「守護神」，能增強肝細胞物質代謝，促進脂肪降解，預防脂肪肝等病症發生。它還能增強胰臟功能，有助於預防糖尿病。

註：「動脈粥樣硬化」是動脈硬化的血管疾病中最常見的一種，由於在動脈內膜聚積的脂質外觀呈黃色粥樣，因此稱為動脈粥樣硬化。

### 主要受益族群

**中老年族群**：補充卵磷脂，就可以幫助維持細胞膜的正常結構與功能，提高人體代謝能力、再生能力，增強生命活力，延緩衰老。

**心腦血管疾病患者**：卵磷脂可以將附著在血管壁上的膽固醇和脂肪乳化成微粒子，使之溶於血液中運回肝臟而被代謝。達到軟化血管、改善血清脂質，清除過氧化物的作用，使血液中膽固醇及脂肪含量降低。

**智力發育中的兒童**：卵磷脂不僅能為腦細胞提供活力，同時還能幫助大腦提供充分的資訊傳導物質，進而提高記憶力和智力水準。適合兒童及青少年食用。

## 4 大豆膳食纖維——第七大營養素

膳食纖維是一種不能被人體消化的碳水化合物，主要包括纖維素、半纖維素、果膠質、木聚醣等。大豆膳食纖維可以幫助排出體內毒素，預防高血壓和高膽固醇血症，預防糖尿病，還能增強免疫力，被稱為生命六大元素之後的「第七大營養素」。

### 主要受益族群

**糖尿病患者**：大豆膳食纖維具有調節血糖的作用。它可延緩食物與消化液的接觸，阻礙葡萄糖的擴散，從而減慢葡萄糖的吸收、降低血糖含量。

**癌症患者**：大豆膳食纖維可以吸附食物中的致突變、致癌物質，具有預防乳腺癌、子宮癌和前列腺癌的作用。大豆膳食纖維還可刺激腸蠕動，可使致癌物質與腸壁接觸時間大大縮短，達到預防結腸癌和直腸癌發生的作用。

**膽結石患者**：大豆膳食纖維可結合膽固醇，促進膽汁的分泌、循環，預防膽結石的形成。

**減肥族群**：大豆膳食纖維能令人產生飽足感、降低食欲，還能延緩和減少腸道對營養的消化和吸收，最終起到減肥功用。

## 5 大豆皂苷——癌症的剋星

皂苷是植物固醇或三萜類化合物的低聚配糖體總稱，因其水溶液能形成持久泡沫，像肥皂一樣而稱為皂苷。大豆皂苷可調節人體性激素、提高免疫力、延緩衰老，並具有抗氧化和抑制癌細胞的作用。

### 主要受益族群

**癌症患者**：大豆皂苷具有抗氧化、抗自由基的功能，可以防止細胞發生癌變，抑制癌細胞增殖、直接殺傷癌細胞、降低癌細胞活力及複製形成能力、干擾腫瘤細胞週期。並且，大豆皂苷具有親水親脂的雙親結構，能以簡單擴散或主動運轉的方式進入癌細胞內部，抑制其生長。

**免疫力低下者**：大豆皂苷還能提高免疫細胞、免疫因子識別和殺傷腫瘤細胞的能力，並能直接殺傷病毒，增強機體局部吞噬細胞和自動殺傷細胞的功能，增強身體細胞抗病毒的能力。

**長斑者**：大豆皂苷具有明顯的抗氧化功效，因為大豆皂苷能夠消除身體氧化產生的自由基，補充人體抗氧化物質，減少色斑。

**心腦血管疾病患者**：大豆皂苷能清除血管壁鈣質沉著，啟動血管內皮素，調節血脂異常。皂苷還可與維生素 P 一起發揮功能提高微血管的彈性，有利於心腦血管疾病的防治。

## 6 大豆低聚糖——腸道守護者

低聚糖即寡醣，大豆低聚糖是大豆中可溶性糖質的總稱，其主要成分為水蘇糖和棉子糖。大豆低聚糖的保健功能主要包括通便淨腸、促進腸道內雙歧桿菌增殖、降低血清膽固醇和保護肝臟等。

註：雙歧桿菌是腸道中的優良菌種，具有保護機體不受病菌感染促進腸蠕動、防止便秘及腹瀉、分解致癌物質等重要生理功能。

### 主要受益族群

**便秘者**：大豆低聚糖可促進雙歧桿菌大量增殖。雙歧桿菌發酵低聚糖產生大量的短鏈脂肪酸，能刺激腸道蠕動，達到防治便秘的效果，且有機酸能抑制腸內致病菌的生長。雙歧桿菌可在腸黏膜表面形成一層生物膜保護層，阻止有害菌群的入侵。

**癌症患者**：人體攝入太多蛋白質和脂肪，無法全部消化吸收，積存在腸內易生成致癌物質。雙歧桿菌是分解致癌物質、驅逐有害菌的腸道守護者。而豆漿中的大豆低聚糖可有效促使雙歧桿菌迅速增加，對預防結腸癌、直腸癌有明顯功效。

##  7 不飽和脂肪酸——人體必需脂肪酸

不飽和脂肪酸是人體必需的脂肪酸，可以維持細胞的正常生理功能，降低血中膽固醇和三酸甘油酯，改善血液微循環，增強記憶力和思維能力等。人體如果缺少了某些不飽和脂肪酸，會引發前列腺炎、高血脂、高血壓、血栓塞疾病、動脈粥樣硬化、風濕、糖尿病等一系列疾病，還會皮膚粗糙、加速衰老。

有些脂肪酸人體不能合成，必須從飲食中補充。豆漿的熱量和脂肪含量低，所含脂肪 85% 為不飽和脂肪酸，且不含膽固醇，是攝入不飽和脂肪酸的極佳飲品。

### 主要受益族群

**心腦血管疾病患者**：高血脂是導致心腦血管疾病的一個重要原因。研究發現，某些不飽和脂肪酸不僅可以降低血脂，還能降低血壓，降低血液黏稠度及抗炎，從而有效預防和治療心腦血管疾病。

**12 歲以下兒童**：人的腦細胞有 60% 是由不飽和脂肪酸組成的。不飽和脂肪酸攝入不足，將影響兒童的記憶力和思維力。

**糖尿病患者**：哈佛大學的研究學者認為，食用植物脂肪（即不飽和脂肪酸）取代動物脂肪（即飽和脂肪酸），可使 55~69 歲的婦女發生 2 型糖尿病的危險性降低 22%。

註：代謝性疾病，過去主要在 40 歲以上的成年人中發病，而今卻越來越常在未成年人中發生，可能是由於該年齡段的肥胖率升高所致。

## 8 礦物質——不可缺少的營養素

礦物質對人體的健康有很大影響，如人體缺鐵可能引起缺鐵性貧血；缺鋅會導致味覺減退、厭食，甚至影響生長發育，嬰幼兒缺鋅嚴重者還會導致性器官畸形等，缺碘可引起甲狀腺腫；人體內鉻不足易引起糖尿病、高脂血症，還可能引起冠心病、動脈硬化等疾病。

大豆中含有鉀、鈉、鈣、鎂、鐵、錳、鋅、銅、磷、硒等十餘種礦物質元素。將大豆製成豆漿，可最大限度地保持這些礦物質元素有較好的吸收率。

### 主要受益族群

**骨質疏鬆者**：婦女容易出現骨質疏鬆，除了與女性體內雌激素下降有關之外，還與缺鈣有關。對於成年女性，在注意維持體內雌激素濃度的同時，還應注意補充鈣質、維生素 D，這樣才能更好地預防骨質疏鬆。喝豆漿既能補充雌激素又能補鈣。

# 目次 contents

## 3 第三章 最養生的豆漿 31

## 4 第四章 四季蔬果做豆漿 77

# 5 第五章 不同族群喝不同豆漿 109

## 6 第六章 豆漿豆渣做美食 139

### 豆漿料理



### 豆渣料理



## 7 第七章 豆漿機做米糊 161



**附錄：**

# 第一章
# 自製豆漿的注意事項

豆漿雖好，但可不能貪杯喔！

有些注意事項您不可不知。

豆漿，不僅要飲用適量，配料也要適當，

要隨年齡、性別、體質不同而異，

避免因錯誤的飲用而引發疾病。

# 關於基因改造大豆

## 什麼是基因改造

基因改造食品，就是指科學家在實驗室中，把動植物的基因加以改變，再製造出具備新特徵的食品種類。目前這種技術被廣泛運用，但科學家們對基因改造食品仍有爭論。

## 基因改造的大豆是否含有有害成分？

關於有害成分的推測：第一，所轉殖的基因片斷進入人體，影響人類的基因；第二，過多的 EPSPS 合成酶進入人體，從而影響人類的健康；第三，所基因改造可能會有人類所不知的功能，使植物合成一些對人類健康有害的物質，並隨大豆製成食品進入人體造成影響；第四，作物可能會被施以過多的草甘膦除草劑，這些除草劑可能隨大豆進入人體，影響人體的健康。

## 如何區分基因改造大豆和非基因改造大豆？

目前，還沒有辦法辨別基因改造大豆與非基因改造大豆。但這裡有些小經驗，可以參考。

### 觀察外形

經過篩選的大豆，呈圓形、顆粒飽滿、色澤明黃，豆臍呈淺黃色。

基因改造大豆，呈扁圓或橢圓、色澤暗黃，俗稱「黑臍豆」。

### 觀察豆漿

基因改造大豆打出來的豆漿，無豆漿應有的香味，且久放以後會分層，上層很稀薄，下層豆渣會沉澱堆積。

非基因改造黃豆即農家黃豆，在煮的過程中就香味撲鼻，也不會存在分層的問題，底部豆漿的濃度和表面豆漿濃度幾乎一樣。

# 不宜喝豆漿的族群

## 痛風病人

痛風是由普林代謝障礙所導致的關節炎疾病。黃豆中富含普林，對痛風病人不利。

## 急性胃炎患者

喝豆漿會刺激胃酸分泌過多加重病情，或者引起胃腸脹氣。

## 胃潰瘍患者

豆漿中含有一定量的寡糖，可能引起打嗝、腸胃蠕動過度、腹脹等症狀。

## 腎功能衰竭病人

需要低蛋白飲食，但豆漿富含蛋白質，其代謝產物會增加腎臟負擔，宜少食。

## 腎結石患者

豆類中的草酸鹽會與腎中的鈣結合，易形成結石，會加重腎結石的症狀。

## 傷寒病患者

儘管長期高熱的傷寒病人應攝取高熱量、高蛋白飲食，但在急性期和恢復期，為預防出現腹脹，不宜飲用豆漿，以免產生脹氣。

## 手術或病後處於恢復期的病人

手術或生病後的人群身體抵抗力普遍較弱，腸胃功能不是很好，因此，在恢復期間最好不要飲用寒性的豆漿，這樣容易產生噁心、腹瀉等症狀。

# 喝豆漿五忌

## 1 忌喝未煮熟的豆漿

沒有煮熟的豆漿對人體是有害的，裡面含有兩種有毒物質，會影響蛋白質吸收，並對胃腸道產生刺激，引起中毒症狀。預防豆漿中毒的辦法是將豆漿在100℃的高溫下煮沸，這樣就可安心飲用了。如果飲用豆漿後出現頭痛、呼吸不順等症狀，應立即就醫，絕不能延誤時機，以防引起更嚴重的症狀。

## 2 忌喝超量

一次喝豆漿過多容易引起蛋白質消化不良，出現腹脹、腹瀉等不適症狀。

## 3 忌空腹飲豆漿

豆漿裡的蛋白質大都會在人體內轉化為熱量而被消耗掉，不能充分發揮補益作用。喝豆漿的同時吃些麵包、饅頭等澱粉類食品，可使豆漿中蛋白質等成分在澱粉的作用下，與胃液充分地發生酶解，使營養物質被充分吸收。

## 4 忌與藥物同飲

有些藥物會破壞豆漿裡的營養成分，如四環素、紅黴素等抗生素藥物。

## 5 忌用保溫瓶裝豆漿

有人喜歡用保溫瓶裝豆漿來保溫，這種方法不可取，因為保溫瓶溫濕的內部環境極有利於細菌繁殖。另外，豆漿裡的皂毒素還能夠溶解保溫瓶裡的水垢，喝了會危害人體健康。

# 嬰幼兒喝豆漿有宜忌

## 豆漿更適合肥胖嬰幼兒

對肥胖嬰幼兒來說，適量喝豆漿有利於健康。

但是，處於生長發育時期的嬰幼兒，對脂肪的需求量還是很大，不建議用豆漿完全代替牛奶給嬰幼兒喝，最好牛奶、豆漿搭配著喝。

## 豆漿適合對乳糖過敏的嬰幼兒食用

有些嬰幼兒一喝牛奶就拉肚子，這是對牛奶中的乳糖過敏造成的，對乳糖過敏的嬰幼兒，可以選擇喝豆漿。在亞洲就有70%的成年人不耐受牛奶中所含的乳糖。

## 豆漿不能替代科學配方奶粉

豆漿含豐富的不飽和脂肪酸、大豆皂苷、卵磷脂等有益物質，這些物質具有增強嬰幼兒免疫力的功能，另外，豆漿裡還含有 5 種抗癌物質。「毒奶粉」風波後，許多父母紛紛以豆漿代替配方奶粉作為母乳以外的主要輔食。豆漿雖富含各種營養成分，但對於0~6 歲處於腦部發育黃金階段的嬰幼兒來說，卻缺少了最重要的有益於腦部發育的營養素 DHA ①。因此，父母們需謹記，在腦部發育的黃金階段，切勿貿然以豆漿或豆奶代替配方奶粉作為嬰幼兒的主要營養來源。

## 豆漿不能完全代替牛奶

豆漿所含的蛋白質品質與牛奶所含的相當，鐵質是牛奶的 5 倍，而脂肪不及牛奶的 30%，鈣質只有牛奶的20%，磷質約為牛奶的 25%。所以不宜用它直接代替牛奶餵養嬰幼兒。

## 嬰幼兒常喝豆漿對腸胃不利

2 周歲以內的嬰幼兒要慎喝豆漿，因為這個年齡層的嬰幼兒腸胃功能尚未發育完全，胃內還沒有分解豆類的消化酶，另外，豆漿也無法替代母乳以及同母乳營養含量相似的奶粉。

注①：DHA 全稱為二十二碳六烯酸，是腦細胞膜中磷脂的重要成分，有助於腦細胞結構的完整和功能的發揮。另外，DHA 能促進軸突終末內含神經遞質的突觸小泡的完整，增加細胞膜的液態流動性，使得腦細胞之間的聯接與資訊傳遞有所增強。

# 製作豆漿有宜忌

## 做豆漿的豆子一定要提前泡？

傳統做法是把豆子泡過一夜再磨豆漿。自從市場上推出了可以不泡豆的豆漿機，人們就開始困惑，要做出好豆漿來，豆子要不要提前泡呢？

其實提前泡豆子做出來的豆漿具有如下優點：

1. 提前泡豆子能省時省電：
   第一天晚上泡豆子只需要一兩分鐘的時間，但浸泡之後就可以很快地打出豆漿來；如果不泡豆子，啟動豆漿機之後的過程就要延長很多，帶上了一段加溫促進豆子吸水軟化的時間，實際上更費電費時。

2. 泡豆子可以提高出漿率：
   和不泡的豆子相比，把豆子浸泡 12 小時之後，豆漿的出漿率可以提高 10%。
3. 提前泡豆子做出來的豆漿口感更好。
4. 提前泡豆子更容易釋放出豆子的營養成分：
   泡豆子有利於組織破碎，可以讓豆漿打得更細一些，使其中的營養成分更好地釋放出來。
5. 提前泡豆子更有利於營養吸收：
   大豆外層是一層不能被人體消化吸收的膳食纖維，它阻礙了大豆蛋白被人體吸收運用。做豆漿前先浸泡大豆，可使其外層軟化，再經粉碎、過濾、短暫加熱後，可相對提高大豆營養的消化吸收率（可達 90%以上，煮大豆僅為 65%）。
6. 提前泡豆子更衛生：
   豆皮上附有一層髒物，不經浸泡很難徹底洗乾淨。

## 做豆漿前泡豆子，衛生又安全

不少人有這樣的疑問：用泡過的黃豆打豆漿會不會不安全，泡豆的過程中會不會產生致癌物黃麴黴毒素？

黃麴黴毒素的確是一種非常恐怖的致癌物，哪怕只是微量攝入，日積月累之後也可能導致肝癌等惡性腫瘤的發生。黃麴黴是在種子類食品受潮時滋生的，在有一定水分（而不是已經充分吸水的狀態），同時氧氣充足的情況下才會產生。如果把食品泡在水裡，氧氣不足，它們就很難繁殖起來。所以泡豆子不可能長出黃麴黴毒素來。

## 泡豆子時間不是越久越好

實驗顯示，泡豆子在 12 小時之內，隨著時間的延長，效果越來越好。室溫 20~25℃下，浸泡 12 小時就可以讓大豆充分吸水，再延長泡豆時間並不會獲得更好的效果。

在夏天溫度較高的時候，室溫泡 12 小時可能帶來細菌過度繁殖的問題，會讓豆漿的口味變差，建議放在冰箱裡面泡豆。4℃冰箱泡 12 小時，這大約相當於室溫浸泡 8 小時的效果。

## 泡豆子的水不要用來做豆漿

浸泡大豆一段時間後，水色會變黃，水面浮現很多水泡，這是大豆浸泡後發酵所致。尤其是夏天，更容易產生異味和變質，滋生細菌。如此做出的豆漿不僅有酸味、不鮮美，而且也不衛生，會導致腹痛、腹瀉、嘔吐。

因此，大豆浸泡後，做豆漿前，一定要先用清水清洗幾遍，清除掉黃色水，之後再換上清水製作，千萬不可以為了省事，用浸泡的水直接做豆漿，以免危害自己的健康。

## 不要喝「假沸」的豆漿

當生豆漿加熱到 80~90℃的時候，會出現大量的白色泡沫，很多人誤以為此時豆漿已經煮熟，但實際上這是一種「假沸」現象，此時的溫度不能破壞豆漿中的有害物質。正確的方法是，在出現「假沸」現象後繼續加熱 3~5 分鐘，使泡沫完全消失。

## 煮豆漿時不要蓋鍋蓋

在煮豆漿時還必須要敞開鍋蓋，這樣可以讓豆漿裡的有害物質隨著水蒸氣揮發掉。

## 豆漿不要反覆煮沸

有些人為了保險起見，將豆漿反覆煮好幾遍，這樣雖然去除了豆漿中的有害物質，同時也造成了營養物質的流失，因此，煮豆漿要恰到好處，控制好加熱時間。

# 第二章
# 經典早餐豆漿

豆漿是一種老少皆宜、物美價廉的飲用營養品，
一直都是我們生活中不可或缺的早餐飲品之一。
早晨，喝一碗豆漿，吃幾個小籠包配燒餅油條，
這種傳統的吃法既方便又營養。
以下介紹幾種早餐經典豆漿的製作方法。

# 黃豆豆漿

**材料：**

黃豆 85 克，白糖適量。

**做法：**

1. 將黃豆用清水泡 10~12 小時，洗淨。
2. 將泡好的黃豆倒入豆漿機中，加水至上下水位線之間，啟動豆漿機，待豆漿製作完成後過濾，依個人口味添加白糖調味後即可飲用。如果喜歡，也可以將豆子打得更細一些，不用過濾，直接飲用。以下豆漿均可這樣操作。

**養生宜忌**

✕不宜加紅糖調味，不利於豆漿中營養物質的吸收。

✕忌與豬血、蕨菜同食。

# 綠豆豆漿

**材料：**  綠豆 100 克，白糖適量。

**做法：**

1. 將綠豆淘洗乾淨，用清水泡 4~6 小時（綠豆泡軟）。
2. 將泡好的綠豆倒入豆漿機中，加水至上下水位線之間，啟動豆漿機，待豆漿製作完成後過濾，依個人口味添加白糖調味後即可飲用。

**養生宜忌**

✓ 綠豆清熱解毒，燥熱體質及易患瘡毒者尤為適宜。
✕ 脾胃虛弱者、慢性胃腸炎、慢性肝炎、甲狀腺機能低下者，忌多飲綠豆豆漿。
✕ 正在進行冬病夏治、正在吃中藥的人不宜喝。
✕ 忌與榧子同食。

# 紅豆豆漿

**材料：**  紅豆 100 克，白糖適量。

**做法：**

1. 將紅豆淘洗乾淨，用清水泡 4~6 小時。
2. 將泡好的紅小豆倒入豆漿機中，加水至上下水位線之間，啟動豆漿機，待豆漿製作完成後過濾，依個人口味添加白糖調味後即可飲用。

**養生宜忌**

✓ 適宜各類型水腫者飲用，包括腎臟性水腫、心臟性水腫、肝硬化腹水、營養不良性水腫等，如能配合烏魚、鯉魚或母雞同食，消腫功效更好。
✓ 適宜產後缺奶、產後浮腫者飲用。
✓ 適宜肥胖者飲用。

# 黑豆豆漿

**材料：**

黑豆 80 克，白糖適量。

**做法：**

1. 將黑豆洗淨，用清水泡 8 小時，泡至發軟。
2. 將泡好的黑豆洗淨，放入豆漿機中，加水至上下水位線之間，啟動豆漿機，待豆漿製作完成後過濾，依個人口味添加白糖調味後即可飲用。

**養生宜忌**

- ✓ 宜脾虛水腫、腳氣浮腫者飲用。
- ✓ 宜體虛者及小兒盜汗、自汗，尤其是熱病後出虛汗者飲用。
- ✓ 宜老人腎虛耳聾、小兒夜間遺尿者飲用。

# 豌豆豆漿

豌豆豆漿通便、清潔大腸作用顯著，便秘患者可每週飲用 2~3 次。

**材料：**  豌豆 80 克，白糖適量。

**做法：**

1. 將豌豆洗淨，用清水泡 10~12 小時，泡至發軟。
2. 將泡好的豌豆洗淨，倒入豆漿機中，加水至上下水位線之間，啟動豆漿機，待豆漿製作完成後過濾，依個人口味添加白糖調味後即可飲用。

**養生宜忌**

✓ 豌豆豆漿宜與肉乾等富含胺基酸的食物一起吃，易於提高豌豆的營養價值。

✕ 豌豆不宜甲狀腺素不足的患者食用，因為豌豆含有致甲狀腺腫的物質，可能使病情加重。

✕ 豌豆忌與蕨菜搭配，兩者同食，蕨菜中的維生素 $B_1$ 分解酶會把豌豆中的維生素 $B_1$ 成分破壞殆盡。

# 青豆豆漿

**材料：**  青豆 80 克，白糖適量。

**做法：**

1. 將青豆洗淨，用清水泡 10~12 小時，泡至發軟。
2. 將泡好的青豆洗淨，倒入豆漿機中，加水至上下水位線之間，啟動豆漿機，待豆漿製作完成後過濾，依個人口味加白糖調味後即可飲用。

**養生宜忌**

✓ 宜與玉米搭配食用。玉米和青豆中的胺基酸種類不同，這種搭配可從提高人體對蛋白質的利用率，讓蛋白質中的胺基酸種類更加豐富，從而提高食物的營養價值。

✓ 宜疳積瀉痢、腹脹羸瘦、妊娠中毒、瘡癰腫毒、外傷出血患者飲用。

✕ 不宜患有嚴重肝病、腎病、痛風、消化性潰瘍、動脈硬化、低碘者飲用。

第三章

# 最養生的豆漿

不同原料製成的豆漿具有不同的養生功效，

並且有不同的搭配宜忌，喝對豆漿，

才能讓身體保持健康，

達到養生的目的。

# 護心 養生乾果豆漿

這款豆漿油脂含量較高，
不適合膽功能嚴重不良者飲用。

**材料：**

黃豆 45 克，榛果、松果、開心果各 15 克。

**做法：**

1. 將黃豆用清水浸泡 10~12 小時（泡至發軟），撈出洗淨；榛果仁、松果仁、開心果仁均碾碎。
2. 將上述材料一同放入豆漿機中，加清水至上下水位線之間，啟動豆漿機，待豆漿製作完成後過濾即可。

**養生宜忌**

✕ 乾果豆漿油脂含量豐富，膽功能嚴重不良者不宜飲用。

✕ 榛果、松果存放時間較長後不宜食用。

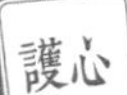

# 紅棗枸杞豆漿

**材料：**

黃豆 45 克，紅棗 20 克，枸杞 10 克。

**做法：**

1. 將黃豆浸泡 10~12 小時，撈出洗淨；紅棗洗淨，去核，切碎；枸杞洗淨。
2. 將以上材料加入豆漿機，加清水至上下水位線之間，啟動豆漿機，待豆漿製作完成後過濾即可。

**養生宜忌**

✕ 喝這道豆漿不宜同食過多桂圓、荔枝等性質溫熱的食物，否則容易上火。
✕ 含糖量較大，糖尿病患者不宜經常飲用，兒童也不宜多喝，容易形成蛀牙。

# 綠紅豆百合豆漿

**材料：**

綠豆、紅豆各 25 克，鮮百合 20 克。

**做法：**

1. 將綠豆、紅豆浸泡 4~6 小時後，撈出洗淨；百合揀洗乾淨，用手剝成瓣。
2. 將以上材料一同加入豆漿機中，加清水至上下水位線之間，待豆漿製作完成後過濾即可。

**養生宜忌**

✕ 綠豆屬於涼性，冬季製作時，不宜放過多。

# 養肝 綠豆紅棗枸杞豆漿

**材料：**

  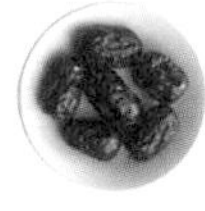 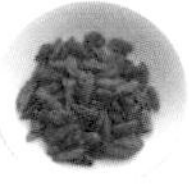

黃豆60克，綠豆20克，紅棗15克，枸杞5克。

**做法：**

1. 將黃豆用清水浸泡10~12小時，泡至發軟後，撈出洗淨；綠豆用清水浸泡4~6小時，泡至發軟後，撈出洗淨；枸杞洗淨，泡軟，切碎；紅棗洗淨，去核，切碎。
2. 將上述食材一同放入豆漿機中，加清水至上下水位線之間，啟動豆漿機，待豆漿製作完成後過濾即可。

**養生宜忌**

✓ 適宜經常熬夜的族群飲用。
✗ 不宜與綠茶同飲。

養肝

# 黑米青豆豆漿

**材料：**

黃豆50克，黑米、青豆各20克。

**做法：**

1. 將黃豆、青豆用清水浸泡10~12小時（泡至發軟），撈出洗淨；黑米淘洗乾淨，用清水浸泡2小時。
2. 將上述食材一同放入豆漿機中，加清水至上下水位線之間，啟動豆漿機，待豆漿製作完成後過濾即可。

**養生宜忌**

✕ 黑米如果沒煮爛，食用後易引起急性腸胃炎。消化不良的人製作這道豆漿，一定要將黑米提前泡軟，這樣更易打碎、煮熟，有助於消化。

養肝

# 玉米葡萄豆漿

這款豆漿可以增強肝臟功能，預防脂肪肝。

**材料：**

  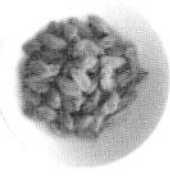

黃豆 60 克，玉米糝 20 克，葡萄乾 15 克。

**做法：**

1. 將黃豆用清水浸泡 10~12 小時（泡至發軟），撈出洗淨；玉米糝淘洗乾淨，用清水浸泡 2 小時；葡萄乾用清水洗淨泡軟，切碎。
2. 將上述食材一同放入豆漿機中，加清水至上下水位線之間，啟動豆漿機，待豆漿製作完成後過濾即可。

**養生宜忌**

× 服用補鉀藥物時，不宜飲用此豆漿，否則易引起高血鉀症。

× 玉米發霉後能產生致癌物，絕對不能用發霉的玉米糝製作豆漿，購買時要務必多加注意。

健脾

# 山藥青黃豆漿

**材料：**

黃豆、青豆各 30 克，山藥 50 克，糯米 15 克。

**做法：**

1. 將黃豆、青豆用清水浸泡 10~12 小時，泡至發軟後，撈出洗淨；糯米淘洗乾淨，用清水浸泡 2 小時 ；山藥去皮，洗淨，切成小塊。
2. 將上述食材一同放入豆漿機中，加清水至上下水位線之間，啟動豆漿機，待豆漿製作完成後過濾即可。

**養生宜忌**

✓ 此道豆漿適宜糖尿病、腹脹、病後虛弱、慢性腎炎、長期腹瀉患者飲用。

✕ 因為山藥具有收澀作用，此道豆漿不宜大便乾燥者飲用。

健脾

# 經典五穀豆漿

**材料：**

   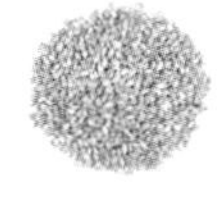 

黃豆 50 克，米、小米、小麥仁、玉米糝各 25 克。

**做法：**

1. 將黃豆、米、小米、小麥仁、玉米糝分別用清水泡至發軟，撈出洗淨。
2. 將上述食材一同放入豆漿機中，加清水至上下水位線之間，啟動豆漿機，待豆漿製作完成後過濾即可。

**養生宜忌**

✕ 糖尿病人要控制澱粉攝取，不宜過多飲用五穀豆漿，飲用時應控制分量。

✕ 腎臟病人不宜飲用此道豆漿，因為五穀雜糧的蛋白質、鉀、磷含量偏高。

健脾

# 高粱紅棗豆漿

此款豆漿具有和胃、健脾的功效，消化不良的兒童每週可適當飲用 2~3 次。

**材料：**

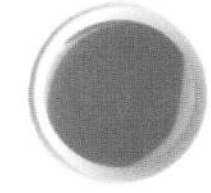

黃豆 50 克，高粱、紅棗各 20 克，蜂蜜 10 克。

**做法：**

1. 將黃豆用清水浸泡 10~12 小時，泡至發軟後，撈出洗淨；高粱米淘洗乾淨，用清水浸泡 2 小時；紅棗洗淨，去核，切碎。
2. 將上述食材一同放入豆漿機中，加清水至上下水位線之間，啟動豆漿機。
3. 待豆漿製作完成後過濾，放至溫熱，調入蜂蜜即可飲用。

**養生宜忌**

✓ 脾胃氣虛、大便細軟者或兒童消化不良時，適宜飲用此道豆漿。

✕ 便秘或大便燥結者，不宜飲用此道豆漿。

# 潤肺 糯米百合藕豆漿

此款豆漿可潤肺止咳，秋天燥咳的人不妨每天飲用。

**材料：**

 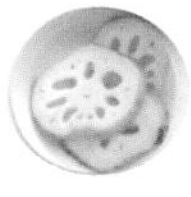  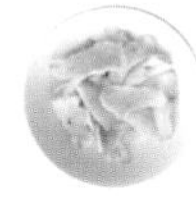 

黃豆50克，蓮藕30克，糯米20克，乾百合5克，冰糖10克。

**做法：**

1. 將黃豆用清水浸泡10~12小時，泡至發軟後，撈出洗淨；糯米淘洗乾淨，用清水浸泡2小時；乾百合用清水泡發，擇洗乾淨，切碎；蓮藕去皮，洗淨，切碎。
2. 將上述食材一同放入豆漿機中，加清水至上下水位線之間，啟動豆漿機。
3. 待豆漿製作完成後過濾，添加冰糖調勻即可飲用。

**養生宜忌**

✕ 因風寒感冒引起的咳嗽者不宜飲用。
✕ 患有糖尿病或血糖偏高的人不適宜多飲。

# 冰糖銀杏豆漿

**材料：**

黃豆70克，銀杏15克，冰糖20克。

**做法：**

1. 將黃豆用清水浸泡10~12小時，泡至發軟後，撈出洗淨；銀杏去外殼。
2. 將銀杏和泡好的黃豆一同放入豆漿機中，加清水至上下水位線之間，啟動豆漿機。
3. 待豆漿製作完成後過濾，依個人口味添加適量冰糖調勻後即可飲用。

**養生宜忌**

✕ 不宜長期、大量食用，因為銀杏有小毒，小孩尤其要注意。

✕ 患有糖尿病或血糖偏高的人不適宜多飲。

# 黑豆雪梨大米豆漿

**材料：**

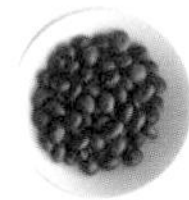   

黑豆 40 克，米 30 克，雪梨 1 個，蜂蜜 10 克。

**做法：**

1. 將黑豆用清水浸泡 10~12 小時，泡至發軟後，撈出洗淨；米淘洗乾淨；雪梨洗淨，去蒂，去核，切碎。
2. 將上述材料一同放入豆漿機中，加清水至上下水位線之間，啟動豆漿機。
3. 待豆漿製作完成後過濾，放至微溫後添加蜂蜜調勻即可飲用。

**養生宜忌**

✕ 脾胃虛寒、腹部冷痛和血虛者不宜多飲。
✕ 患有糖尿病或血糖偏高者不適宜多飲。

# 補腎 芝麻黑米豆漿

**材料：**

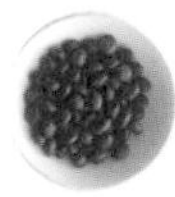    

黑豆 60 克，黑米 20 克，花生仁、黑芝麻各 10 克，白糖適量。

**做法：**

1. 將黑豆用清水浸泡 10~12 小時，泡至發軟後，撈出洗淨；黑米淘洗乾淨，用清水浸泡 2 小時；花生仁洗淨；黑芝麻洗淨，瀝乾水分後碾碎。
2. 將黑豆、黑米、花生仁、黑芝麻一同放入豆漿機中，加清水至上下水位線之間，啟動豆漿機。
3. 待豆漿製作完成後過濾，加適量白糖調勻即可飲用。

**養生宜忌**

✕ 不宜與蓖麻子、厚朴、四環素同食。
✕ 兒童、消化不良者不宜飲用。

# 補腎 黑米葡萄乾豆漿

**材料：**

  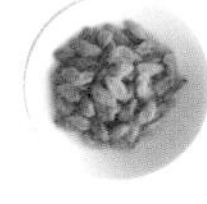

黃豆 55 克， 黑米 20 克， 葡萄乾 15 克。

**做法：**

1. 將黃豆用清水浸泡 10~12 小時，泡至發軟後，撈出洗淨；黑米淘洗乾淨，用清水浸泡 2 小時；葡萄乾用清水洗淨泡軟，切碎。
2. 把以上食材一同放入豆漿機中，加清水至上下水位線之間，啟動豆漿機，待豆漿製作完成後過濾即可。

**養生宜忌**

✕ 糖尿病患者、便秘者不宜多飲。
✕ 病後消化能力弱的人不宜飲用。

補腎

# 栗子紅棗黑豆漿

栗子也可用花生代替，
早餐時適合全家飲用。

**材料：**

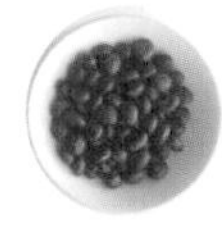  

黑豆 60 克，栗子 6 粒，紅棗 15 克。

**做法：**

1. 將黑豆用清水浸泡 10~12 小時，泡至發軟後，撈出洗淨；板栗去皮，切碎；紅棗洗淨，去核，切碎。
2. 把以上食材一同放入豆漿機中，加清水至上下水位線之間，啟動豆漿機，待豆漿製作完成後過濾即可。

**養生宜忌**

× 嬰幼兒、脾胃虛弱、糖尿病患者不宜多飲。

× 新鮮栗子易發霉，吃了會引起中毒，採買時要多加注意，絕對不要用到發霉的栗子做豆漿。

補氣

# 人參紫米豆漿

**材料：**

黃豆 50 克，人參 10 克，紅豆 20 克，紫米 15 克，蜂蜜 15 克。

**做法：**

1. 將黃豆用清水泡至發軟，撈出洗淨；紫米洗淨，用清水浸泡 2 小時；紅豆洗淨，用清水浸泡 4~6 小時；人參煎汁備用。
2. 黃豆、紅豆、紫米一同放入豆漿機中，再倒入人參煎汁，加清水至上下水位線之間，啟動豆漿機。
3. 待豆漿製作完成後過濾，待豆漿不燙後添加蜂蜜調勻即可飲用。

**養生宜忌**

✕ 不宜天天飲用，因為人參滋補性較強，不可過量食用。

✕ 白血病患者忌食。

補氣

# 紅棗蓮子豆漿

**材料：**

 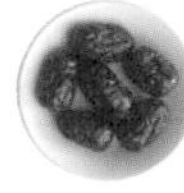  

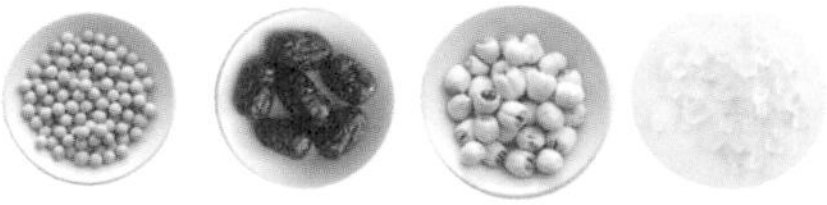

黃豆 60 克，紅棗 15 克，蓮子 10 克，冰糖適量。

**做法：**

1. 將黃豆用清水泡至發軟，撈出洗淨；蓮子泡水 2 小時，撈出洗淨;紅棗洗淨，去核，切碎。
2. 將黃豆、紅棗、蓮子一同放入豆漿機中，加清水至上下水位線之間，啟動豆漿機。
3. 待豆漿製作完成後過濾，依據個人口味添加冰糖調勻即可飲用。

**養生宜忌**

✓ 適宜中老年人飲用。

# 糯米紅棗豆漿

因糯米可以禦寒，此款豆漿最適合冬季飲用。

**材料：**

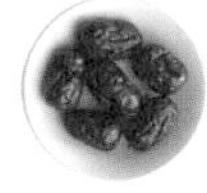

黃豆 60 克，糯米 20 克，紅棗 15 克。

**做法：**

1. 將黃豆用清水浸泡 10~12 小時，泡至發軟後，撈出洗淨；糯米洗淨，用清水浸泡 2 小時；紅棗洗淨，去核，切碎。
2. 把黃豆、糯米、紅棗一同放入豆漿機中，加清水至上下水位線之間，啟動豆漿機，待豆漿製作完成後過濾即可。

**養生宜忌**

✓ 適宜體虛氣弱、心悸失眠患者飲用。

✗ 脾胃虛弱者不宜多食。

# 補血 枸杞葡萄黑芝麻豆漿

常喝此豆漿對緩解缺鐵性貧血有一定幫助。

**材料：**

黃豆 50 克，枸杞、葡萄乾、熟黑芝麻各 15 克，蜂蜜適量。

**做法：**

1. 將黃豆用清水浸泡 10~12 小時，撈出洗淨；枸杞洗淨，用清水泡軟；葡萄乾洗淨，泡軟，切碎；黑芝麻碾碎。
2. 把黃豆、枸杞、葡萄乾、黑芝麻一同放入豆漿機中，加清水至上下水位線之間，啟動豆漿機。
3. 待豆漿製作完成後過濾，加入適量蜂蜜拌勻即可。

**養生宜忌**

✕ 枸杞溫熱身體的效果相當強，正在感冒發燒、身體有炎症、腹瀉的人最好別吃。

✕ 含糖較多，糖尿病患者不宜飲用。

補血

# 紅豆桂圓紅棗豆漿

**材料：**

紅豆 50 克，桂圓肉 30 克，紅棗 15 克。

**做法：**

1. 將紅豆用清水浸泡 4~6 小時，泡至發軟後，撈出洗淨；桂圓肉洗淨，切碎；紅棗洗淨，去核，切碎。
2. 把上述食材一同放入豆漿機中，加清水至上下水位線之間，啟動豆漿機，待豆漿製作完成後過濾即可。

**養生宜忌**

✕ 孕婦不宜多飲。
✕ 有上火發炎症狀時不宜飲用。
✕ 桂圓多吃上火，紅棗多吃脹氣，建議控制飲用量。

# 補血 紫米紅豆豆漿

**材料：**

黃豆 60 克，紫米、紅豆各 15 克。

**做法：**

1. 將黃豆用清水浸泡 10~12 小時，撈出洗淨；紅豆用清水浸泡 4~6 小時，撈出洗淨；紫米淘淨，用清水浸泡 8 小時。
2. 把上述食材一同放入豆漿機中，加清水至上下水位線之間，啟動豆漿機，待豆漿製作完成後過濾即可。

**養生宜忌**

✓ 適宜產婦、病後康復人群飲用。
✗ 紅豆會利尿，尿多的人忌食。

# 排毒 燕麥糙米豆漿

可在豆漿中加入蜂蜜，不僅味道更好，排毒作用也更顯著。

**材料：**

  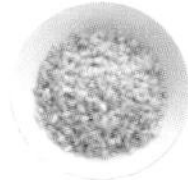

黃豆45克，燕麥片20克，糙米15克。

**做法：**

1. 將黃豆用清水浸泡10~12小時，撈出洗淨；糙米洗淨，用清水浸泡2小時。
2. 把燕麥片、黃豆、糙米一同放入豆漿機中，加清水至上下水位線之間，啟動豆漿機，待豆漿製作完成後過濾即可。

**養生宜忌**

✓ 適宜習慣性便秘者飲用。
✗ 腸道敏感的人不宜飲用太多，以免引起脹氣、胃痛或腹瀉。

# 排毒 綠豆紅薯豆漿

喝這款豆漿時別吃柿子，否則容易出現胃脹、胃痛等不適感。

**材料：**

黃豆 40 克，綠豆 20 克，紅薯 30 克。

**做法：**

1. 將黃豆用清水浸泡 10~12 小時，撈出洗淨；綠豆洗淨，用清水浸泡 4~6 小時；紅薯去皮，洗淨，切小塊。
2. 把上述食材一同放入豆漿機中，加清水至上下水位線之間，啟動豆漿機，待豆漿製作完成後過濾即可。

**養生宜忌**

✕ 服溫補藥時不宜飲用，以免降低藥效。
✕ 腹瀉時不宜飲用。

# 排毒 海帶豆漿

**材料：**

黃豆 60 克，乾燥海帶 30 克。

**做法：**

1. 將黃豆用清水浸泡 10~12 小時；海帶洗淨，切碎。
2. 把海帶和黃豆一同放入豆漿機中，加清水至上下水位線之間，啟動豆漿機，待豆漿製作完成後過濾即可。

**養生宜忌**

✕ 不宜與茶同飲，以免影響海帶中鐵的吸收。
✕ 甲狀腺功能亢進者慎食。

排毒

# 薄荷綠豆漿

**材料：**

   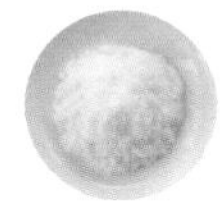

綠豆、 黃豆各 50 克，米、薄荷葉、白糖各適量。

**做法：**

1. 將黃豆用清水浸泡 10~12 小時，撈出洗淨；綠豆洗淨，用清水浸泡 4~6 小時；薄荷葉洗淨；米淘洗乾淨。
2. 把黃豆、綠豆、 米、薄荷葉一同放入豆漿機中，加清水至上下水位線之間，啟動豆漿機。
3. 待豆漿製作完成後過濾，加入適量白糖拌勻即可。

**養生宜忌**

- ✕ 服溫熱藥物、四環素類藥物時不宜飲用。
- ✕ 感冒、陰虛血燥、表虛、汗多不止者忌飲。
- ✕ 薄荷有抗受精卵著床、減少產婦乳汁的作用，準備懷孕和哺乳期女性忌飲。

# 排毒 紅蘿蔔豆漿

飲用時吃些核桃、花生等含油脂的食物，能更好地吸收紅蘿蔔中的營養。

**材料：**

黃豆 50 克，紅蘿蔔 1/2 根。

**做法：**

1. 將黃豆用清水浸泡 10~12 小時，撈出洗淨；紅蘿蔔洗淨，切小塊。
2. 把黃豆、紅蘿蔔一同放入豆漿機中，加清水至上下水位線之間，啟動豆漿機，待豆漿製作完成後過濾即可。

**養生宜忌**

✕ 不得與酒同食，因為紅蘿蔔素與酒精一同進入人體，會在肝臟產生毒素，長期積累易引起肝病。

✕ 不宜與番茄、白蘿蔔、辣椒、石榴、萵苣、木瓜等一同食用，因紅蘿蔔中含有分解酶，可以破壞這些蔬果中的維生素。

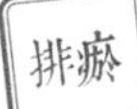


# 玫瑰花油菜黑豆漿

玫瑰花有活血化瘀的作用，懷孕早期的媽媽不宜飲用。

**材料：**

黃豆 50 克，黑豆、油菜各 20 克，玫瑰花 10 克。

**做法：**

1. 將黃豆、黑豆用清水浸泡 10~12 小時，撈出洗淨；玫瑰花洗淨，用水泡開，切碎；油菜擇洗乾淨，切碎。
2. 把上述食材一同放入豆漿機中，加清水至上下水位線之間，啟動豆漿機，待豆漿製作完成後過濾即可。

**養生宜忌**

✕ 處於麻疹後期的小兒不宜飲用。
✕ 懷孕早期婦女不宜飲用。

排瘀

# 桃子黑米豆漿

此款豆漿具有活血消積、行血通淋的作用。

**材料：**

  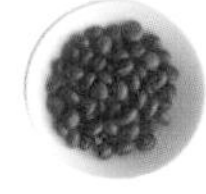 

黃豆60克，桃子1個，黑豆、黑米各15克。

**做法：**

1. 將黃豆、黑豆用清水浸泡10~12小時，撈出洗淨；黑米淘洗乾淨，用清水浸泡2小時；桃子洗淨，去核，切碎。
2. 把上述食材一同放入豆漿機中，加清水至上下水位線之間，啟動豆漿機，待豆漿製作完成後過濾即可。

**養生宜忌**

✕ 嬰兒、糖尿病患者忌飲。
✕ 消化能力弱的人不宜飲用。

# 排瘀 山楂豆漿

**材料：**

   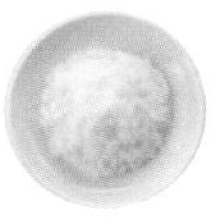

黃豆60克，山楂25克，米20克，白糖10克。

**做法：**

1. 黃豆用清水浸泡10~12小時，撈出洗淨；山楂洗淨，去蒂，去核，切碎；大米淘淨。
2. 把黃豆、山楂、米一同放入豆漿機中，加清水至上下水位線之間，啟動豆漿機。
3. 待豆漿製作完成後過濾，加入白糖調勻即可。

**養生宜忌**

✕ 山楂活血通瘀，同時又有收縮子宮的功效，懷孕期間最好不要吃。

# 排瘀 奇異果小米綠豆漿

**材料：**

黃豆60克，奇異果1個，綠豆20克，小米10克。

**做法：**

1. 將黃豆用清水浸泡10~12小時，撈出洗淨；綠豆洗淨，用清水浸泡4~6小時；小米淘洗乾淨，用清水浸泡2小時；奇異果去皮，洗淨，切碎。
2. 把上述食材一同放入豆漿機中，加清水至上下水位線之間，啟動豆漿機，待豆漿製作完成後過濾即可。

**養生宜忌**

✓ 常吃燒烤者、經常便秘者、心血管疾病患者適宜飲用。

✗ 風寒感冒、痛經、小兒腹瀉者不宜飲用。

排瘀

# 玫瑰花豆漿

愛美的女性可每天早晨飲用一杯，美容又養顏。

**材料：**

黃豆100克，玫瑰花10克，白糖適量。

**做法：**

1. 將黃豆用清水浸泡10~12小時，撈出洗淨；玫瑰花瓣洗淨。
2. 把黃豆、玫瑰花瓣一同放入豆漿機中，加清水至上下水位線之間，啟動豆漿機。
3. 待豆漿製作完成後過濾，根據個人口味加入適量白糖調勻即可。

**養生宜忌**

✓ 非常適合女性飲用。
✕ 陰虛有火者忌飲。
✕ 因玫瑰花有收斂作用，便秘患者不宜過多飲用。
✕ 孕婦忌飲。

去火

# 菊花綠豆百合豆漿

此款豆漿去火功效顯著，有火氣大症狀的族群不妨拿它當作下午茶。

**材料：**

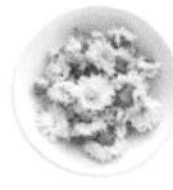

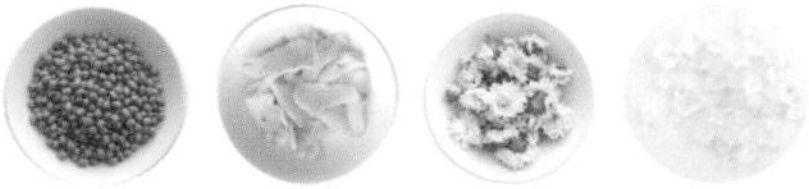

綠豆 80 克，乾百合 30 克，菊花、冰糖各 10 克。

**做法：**

1. 將綠豆淘洗乾淨，用清水浸泡 4~6 小時；乾百合用水泡發，洗淨；菊花洗淨。
2. 把準備好的綠豆、百合、菊花一同放入豆漿機中，加清水至上下水位線之間，啟動豆漿機。
3. 待豆漿製作完成後過濾，依個人口味加入冰糖調勻即可飲用。

**養生宜忌**

✓ 適宜長期看電腦、用眼過度的人飲用。

✗ 綠豆和菊花均為涼性，脾胃虛弱的人不宜多飲。

# 去火 蒲公英小米綠豆漿

嗓子痛、扁桃腺發炎時喝，可緩解症狀。

**材料：**

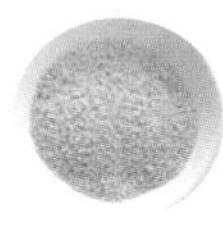

綠豆 60 克，小米、蒲公英各 20 克，冰糖適量。

**做法：**

1. 將綠豆淘洗乾淨，用清水浸泡 4~6 小時；小米淘洗乾淨，用清水浸泡 2 小時；蒲公英煎汁備用。
2. 把準備好的小米、綠豆一同放入豆漿機中，倒入蒲公英煎汁，加清水至上下水位線之間，啟動豆漿機。
3. 豆漿製作完成後過濾，依個人口味加入適量冰糖調勻即可飲用。

**養生宜忌**

✕ 脾胃不好的人忌服。
✕ 不宜與杏仁同食。

去火

# 黃瓜梨子豆漿

脾胃虛寒者不宜多飲，
且最好在飯後飲用。

**材料：**

黃豆 50 克，黃瓜 15 克，梨子 20 克。

**做法：**

1. 將黃豆用清水浸泡 10~12 小時，撈出洗淨；黃瓜洗淨，切成小塊；梨子洗淨，去皮，去核，切成小塊。
2. 把上述食材一同放入豆漿機中，加清水至上下水位線之間，啟動豆漿機，待豆漿製作完成後過濾即可。

**養生宜忌**

✕ 不宜與花生等油性較大的食物同食，可能導致腹瀉。

# 去火 百合荸薺大米豆漿

**材料：**

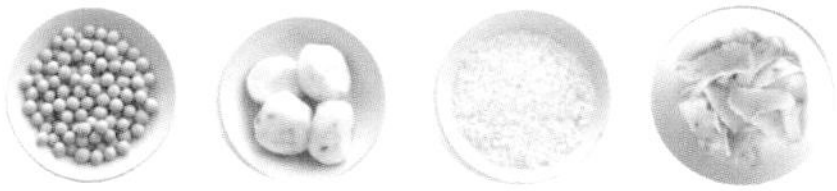

黃豆 40 克，荸薺 50 克，
大米 20 克，乾百合 10 克。

**做法：**

1. 將黃豆用清水浸泡 10~12 小時，撈出洗淨；乾百合用清水泡發，洗淨；荸薺去皮，洗淨，切丁；大米淘洗乾淨。
2. 把上述食材一同放入豆漿機中，加清水至上下水位線之間，啟動豆漿機，待豆漿製作完成後過濾即可。

**養生宜忌**

✕ 脾胃虛寒者不宜多飲。
✕ 風寒咳嗽及中寒便溏者不宜多飲。

# 百合蓮子銀耳綠豆漿

**材料：**

綠豆 60 克，乾百合、蓮子、銀耳各 10 克，冰糖適量。

**做法：**

1. 將綠豆淘洗乾淨，用清水浸泡 4~6 小時；將乾百合和蓮子用溫水浸泡至發軟；將銀耳用水泡開，洗淨擇成小朵。
2. 把準備好的綠豆、百合、蓮子、銀耳一同放入豆漿機中，加清水至上下水位線之間，啟動豆漿機。
3. 待豆漿製作完成過濾後，根據個人喜好加入冰糖調勻即成。

**養生宜忌**

✕ 外感風寒、虛寒出血患者不宜飲用。
✕ 便秘、腹部脹滿的人不宜飲用。
✕ 脾胃不佳者不宜飲用。

瘦身

# 荷葉桂花茶豆漿

想減肥的人
每週可飲用 2~3 次。

**材料：**

   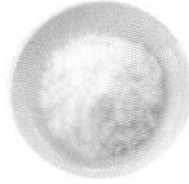

黃豆 70 克，乾荷葉 1/10 塊，綠茶 5 克，桂花少許，白糖適量。

**做法：**

1. 將黃豆用清水浸泡 10~12 小時，撈出洗淨；荷葉洗淨，撕成小塊；綠茶、桂花略微沖洗。
2. 把黃豆、荷葉塊一同放入豆漿機中，加清水至上下水位線之間，啟動豆漿機打豆漿。
3. 待豆漿製成，把綠茶、桂花、白糖放入杯子裡，將做好的豆漿倒入杯中即可。

**養生宜忌**

✓ 適宜水腫型肥胖者、便秘型肥胖者以及身上脂肪比例較多的族群飲用。

✕ 胃酸過多、消化性潰瘍和蛀牙者不宜飲用。

✕ 服用滋補藥品期間不宜飲用。

✕ 孕婦不宜飲用。

# 芭樂芹汁豆漿

想減肥的女性
可每天早餐前飲用一杯。

**材料：**

黃豆 70 克，芹菜 100 克，芭樂 1/2 個。

**做法：**

1. 將黃豆用清水浸泡 10~12 小時，撈出洗淨；芭樂、芹菜均洗淨，切小塊，榨汁備用。
2. 把黃豆放入豆漿機中，倒入榨好的芭樂汁、芹菜汁，加清水至上下水位線之間，啟動豆漿機，待豆漿製作完成後過濾即可。

**養生宜忌**

✕ 脾胃虛寒者不宜多飲。
✕ 血壓偏低者不宜多飲。

# 瘦身 蒟蒻蘋果豆漿

**材料：**

黃豆 60 克，蘋果 1 個，蒟蒻粉 5 克。

**做法：**

1. 將黃豆用水浸泡 10~12 小時，撈出洗淨；蘋果洗淨，去皮，去核，切小塊。
2. 把黃豆、蘋果一起放入豆漿機中，加水至上下水位線之間，啟動豆漿機。
3. 待豆漿製作完成，過濾後加入蒟蒻粉，充分攪拌均勻即可。

**養生宜忌**

- 適宜減肥人士飲用。
- 適宜抗癌人群飲用。
- 適宜糖尿病患者飲用。

# 苦瓜山藥豆漿

因過度肥胖而引發高血壓者，每週可飲用 2~3 次。

**材料：**

 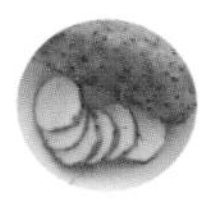  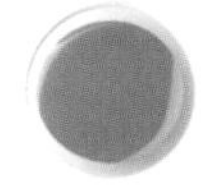

黃豆 50 克，山藥、苦瓜各 30 克，蜂蜜適量。

**做法：**

1. 將黃豆用水浸泡 10~12 小時，撈出洗淨；山藥洗淨，去皮，切丁；苦瓜洗淨，去籽，切小塊。
2. 把黃豆、山藥、苦瓜一起放入豆漿機中，加水至上下水位線之間，啟動豆漿機打豆漿。待豆漿製作完成後過濾，加入適量蜂蜜，充分攪拌均勻即可。

**養生宜忌**

✓ 適合減肥過度而導致氣虛的患者。

瘦身

# 山楂黄瓜豆漿

**材料：**

黃豆 50 克，黃瓜 1 根，山楂 20 克。

**做法：**

1. 將黃豆用水浸泡 10~12 小時，撈出洗淨；黃瓜洗淨，切小塊；山楂洗淨，去核，切碎。
2. 把上述食材一起放入豆漿機中，加水至上下水位線之間，啟動豆漿機。待豆漿製作完成，濾出即可。

**養生宜忌**

× 胃寒者不宜多飲。
× 孕婦不宜飲用。

潤膚

# 牛奶花生豆漿

別空腹飲用，
可搭配麵包、餅乾等一起食用。

**材料：**

 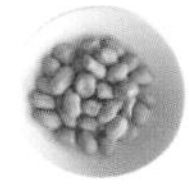 

黃豆 60 克，花生仁 20 克，牛奶 250 克。

**做法：**

1. 將黃豆用清水浸泡 10~12 小時，撈出洗淨；花生仁洗淨。
2. 把黃豆和花生仁一同放入豆漿機中，加清水至上下水位線之間，啟動豆漿機，待豆漿製作完成後過濾即可。
3. 待豆漿晾至溫熱，倒入牛奶拌勻即可飲用。

**養生宜忌**

✕ 不宜空腹飲用。
✕ 腸胃不適者不宜飲用。會加重腹瀉，不利於疾病恢復。
✕ 高血脂症病人不宜飲用。脂肪含量較高，會使血液中的脂肪升高，而血脂升高，往往是導致動脈硬化、高血壓、冠心病等的重要因素之一。
✕ 膽囊炎患者或膽囊切除的病人不宜飲。牛奶和花生中的脂肪需要膽汁幫助消化，會增加肝臟分泌膽汁的負擔。

# 杏仁松子豆漿

過敏體質者可能會對杏仁過敏，不宜飲用此款豆漿。

**材料：**

黃豆 70 克，南杏仁 10 ，松子 5 克，冰糖適量。

**做法：**

1. 將黃豆用清水浸泡 10~12 小時，撈出洗淨；松子去殼。
2. 把南杏仁、松子仁和黃豆一同放入豆漿機中，加清水至上下水位線之間，啟動豆漿機。
3. 豆漿製作完成後過濾，加入冰糖調勻即可。

**養生宜忌**

✕ 脾虛便溏、腎虧遺精、痰濕患者不宜多飲。
✕ 膽功能嚴重不良者不宜多飲。
✕ 不宜與黃芪、黃芩、葛根等藥同用。

# 潤膚 木瓜銀耳豆漿

典型的美容滋潤豆漿，
愛美女性可以常飲。

**材料：**

黃豆 60 克，木瓜 20 克，
銀耳 10 克，冰糖少許。

**做法：**

1. 將黃豆用清水浸泡 10~12 小時，撈出洗淨；木瓜去皮，去瓤，切小塊；銀耳浸泡 1 小時，洗淨，撕成小塊。
2. 把黃豆、木瓜和銀耳一同放入豆漿機中，加清水至上下水位線之間，啟動豆漿機。
3. 待豆漿製作完成後過濾，加入冰糖調勻即可。

**養生宜忌**

✕ 孕婦不宜多飲。
✕ 過敏體質者不宜多飲。
✕ 糖尿病患者不宜多飲。

# 紅棗養顏豆漿

**材料：**

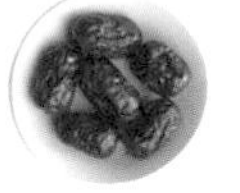

黃豆 60 克，紅棗 20 克，冰糖適量。

**做法：**

1. 將黃豆用清水浸泡 10~12 小時，撈出洗淨；紅棗洗淨，去核，切碎，加溫水泡開。
2. 把紅棗、黃豆放入豆漿機中，加清水至上下水位線之間，啟動豆漿機。
3. 待豆漿製作完成後過濾，加入冰糖調勻即可。

**養生宜忌**

✕ 糖尿病患者不宜多飲。
✕ 燥熱體質女性經期不宜多飲。
✕ 月經期間出現眼睛浮腫或腳部浮腫現象的女性不宜多飲。

# 薏仁百合豆漿

**材料：**

  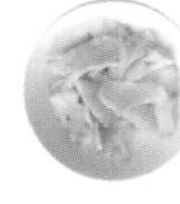 

黃豆 60 克，薏仁、乾百合各 10 克，白糖適量。

**做法：**

1. 將黃豆用清水浸泡 10~12 小時，撈出洗淨；薏仁、乾百合均浸泡 3 小時。
2. 把黃豆、薏仁、乾百合一同放入豆漿機中，加入適量清水，啟動豆漿機。
3. 待豆漿製作完成後過濾，依個人口味加入白糖即可。

**養生宜忌**

✓ 適合氣血虛的女性飲用。
✕ 女性懷孕早期不宜多飲。
✕ 風寒引起的咳嗽者不宜多飲。

# 第四章
# 四季蔬果做豆漿

「春溫、夏長、秋收、冬藏」。

隨著季節的變換，把時令水果和蔬菜跟豆類一起，

製作成一杯杯美味的蔬果豆漿，可謂一舉兩得。

既能不斷變換豆漿口味，又可以豐富營養攝入，

給平淡的生活增添了樂趣。

# 春 竹葉豆漿

**材料：**

黃豆 70 克，米 50 克，竹葉 3 克。

**做法：**

1. 將黃豆用清水浸泡 10~12 小時，撈出洗淨；米淘洗乾淨。
2. 把黃豆、米放入豆漿機中，加水至上下水位線之間，啟動豆漿機。
3. 待豆漿製作完畢，濾出後沖泡竹葉即可。

**養生宜忌**

✕ 陰虛火旺、骨蒸潮熱者不宜多飲。

# 紅棗芹菜豆漿

高血壓患者如搭配蒸南瓜，在早餐時飲用，效果更好。

**材料：**

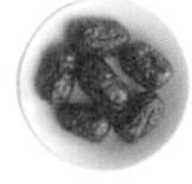

黃豆、芹菜葉各50克，紅棗10克。

**做法：**

1. 將黃豆用清水浸泡10~12小時，撈出洗淨；芹菜葉擇洗乾淨，切碎；紅棗洗淨，去核，切碎。
2. 把上述食材一同放入豆漿機中，加水至上下水位線之間，啟動豆漿機。
3. 待豆漿製作完成後濾出即可。

**養生宜忌**

✓ 高血壓患者適宜飲用。

✗ 患有嚴重腎病、痛風、消化性潰瘍、脾胃虛寒者不宜飲用。

# 蘆筍山藥豆漿

飲用時搭配豬肉同食，不僅營養更全面，且能消除疲勞。

**材料：**

黃豆35克，鮮蘆筍30克，山藥10克，白糖適量。

**做法：**

1. 將黃豆用清水浸泡10~12小時，撈出洗淨；蘆筍、山藥均去皮，洗淨，切丁。
2. 把黃豆、蘆筍、山藥放入豆漿機中，加水至上下水位線之間，啟動豆漿機打豆漿。
3. 待豆漿製作完成後過濾，加入適量白糖即可。

**養生宜忌**

- ✓ 適宜防治脂肪肝族群飲用。
- ✓ 適宜與豬肉同食。利於人體吸收維生素$B_{12}$，且有美容肌膚、消除疲勞的功效。

## 春 葡萄檸檬豆漿

**材料：**  黃豆 70 克， 葡萄乾 20 克，

 檸檬 1 片（約 1/6 塊）。

**做法：**

1. 將黃豆用清水浸泡 10~12 小時，撈出洗淨；葡萄乾用溫水洗淨，泡軟，切碎。
2. 把黃豆和葡萄乾放入豆漿機中，加水至上下水位線之間，啟動豆漿機。
3. 待豆漿製作完成後過濾，擠入檸檬汁即可。

**養生宜忌**

✕ 不宜與牛奶同飲。否則會腹脹腹瀉，影響腸胃消化。
✕ 胃酸分泌過多、胃潰瘍患者不宜多飲。
✓ 葡萄檸檬豆漿具有預防心血管疾病的功效，中老年人可早餐時飲用。

## 春 冰鎮草莓豆漿

**材料：**

 黃豆 60 克， 草莓 250 克， 白糖適量。

**做法：**

1. 將黃豆用清水浸泡 10~12 小時，撈出洗淨；將草莓洗淨，去蒂，搗泥，備用。
2. 把黃豆放入豆漿機中，加水至上下水位線之間，啟動豆漿機。
3. 待豆漿製作完成後濾出。放涼後，加入草莓泥和適量白糖拌勻，放入冰箱冷卻即可。

**養生宜忌**

✕ 尿道結石患者不宜多飲。

# 春 黃豆黃米豆漿

**材料：**

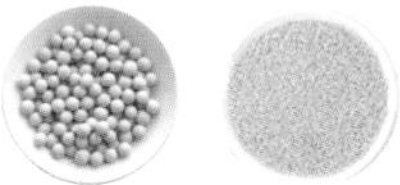

黃豆、黃米各 50 克。

**做法：**

1. 將黃豆用清水浸泡 10~12 小時，撈出洗淨；黃米淘洗乾淨。
2. 把黃豆、黃米放入豆漿機中，加水至上下水位線之間，啟動豆漿機打豆漿。
3. 待豆漿製作完成後濾出即可。

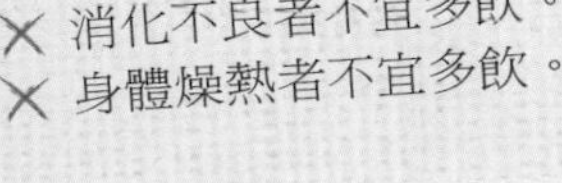

**養生宜忌**

✕ 消化不良者不宜多飲。
✕ 身體燥熱者不宜多飲。

# 春 糯米山藥豆漿

糯米不好消化，
每次只喝一杯就好。

**材料：**

黃豆、山藥各 70 克，糯米 20 克。

**做法：**

1. 將黃豆用水浸泡 10~12 小時，撈出洗淨；糯米淘洗乾淨，用水浸泡 2 小時；山藥削去外皮，洗淨，切小丁。
2. 把上述食材一起放入豆漿機中，加水至上下水位線之間，啟動豆漿機。待豆漿製作完成濾出即可。

**養生宜忌**

✕ 大便燥結、消化不良者不宜多飲。
✕ 患百日咳的兒童不宜飲用。

# 春 燕麥番茄豆漿

**材料：**

黃豆 60 克，番茄 50 克，燕麥 30 克。

**做法：**

1. 將黃豆用清水浸泡 10~12 小時，撈出洗淨；番茄洗淨，去蒂、切小塊；燕麥淘洗乾淨。
2. 把黃豆、番茄、燕麥放入豆漿機中，加水至上下水位線之間，啟動豆漿機。
3. 待豆漿製作完成後濾出即可。

**養生宜忌**

× 對麩質過敏者不宜多飲。

# 桑葉百合綠豆漿

桑葉百合綠豆漿具有祛暑、生津、潤肺的功效，但脾胃虛弱者不宜飲用。

**材料：**

黃豆 50 克，綠豆 35 克，
乾百合 20 克，桑葉 2 克。

**做法：**

1. 將黃豆、綠豆用清水浸泡 10~12 小時，撈出洗淨；乾百合用水泡開；桑葉洗淨。
2. 把上述食材一起放入豆漿機中，加水至上下水位線之間，啟動豆漿機打豆漿。待豆漿製作完成後濾出即可。

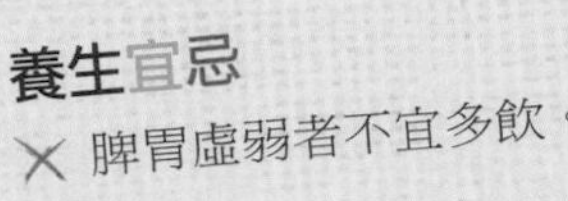

**養生宜忌**

✕ 脾胃虛弱者不宜多飲。

# 夏 五色豆漿

**材料：**

黃豆、紅豆、綠豆各 35 克，
燕麥片、黑米各 10 克。

**做法：**

1. 將黃豆、綠豆、紅豆用水浸泡 10~12 小時，撈出洗淨；黑米淘洗乾淨，用水浸泡 2 小時。
2. 把上述食材一起放入豆漿機中，加水至上下水位線之間，啟動豆漿機打豆漿。待豆漿製作完成，濾出即可。

**養生宜忌**

✕ 消化不好的人不宜多飲。

#  燕麥黃瓜玫瑰豆漿

此款豆漿不適合胃寒者飲用。

**材料：**

黃豆、燕麥片各 50 克，黃瓜 1 根，玫瑰花 10 克。

**做法：**

1. 將黃豆用水浸泡 10~12 小時，撈出洗淨；黃瓜洗淨，切小塊；玫瑰花洗淨。
2. 把上述食材一起放入豆漿機中，加水至上下水位線之間，啟動豆漿機打豆漿。
3. 待豆漿製作完成，濾出即可。

**養生宜忌**

✕ 便秘者不宜多飲。

# 夏 綠茶豆漿

**材料：**

黃豆 70 克，米 70 克，綠茶 8 克。

**做法：**

1. 將黃豆用水浸泡 10~12 小時，撈出洗淨；米用水浸泡 2~3 小時，撈出洗淨；綠茶用熱水泡好。
2. 把黃豆、米一起放入豆漿機中，加水至上下水位線之間，啟動豆漿機打豆漿。
3. 待豆漿製作完成，濾出放涼，加入綠茶即可。

**養生宜忌**

✕ 不宜與乳製品同食。

# 夏 荷葉蓮子豆漿

**材料：**

  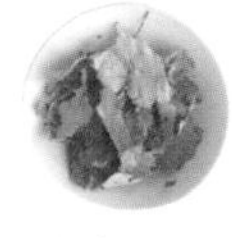

綠豆 50 克，蓮子、荷葉各 20 克。

**做法：**

1. 將綠豆用水浸泡 10~12 小時，撈出洗淨；蓮子洗淨，去心，用水浸泡 2~3 小時；荷葉洗淨，撕成小塊。
2. 把上述食材一起放入豆漿機中，加水至上下水位線之間，啟動豆漿機打豆漿。待豆漿製作完成，溫度適宜時即可飲用。

**養生宜忌**

✕ 體質偏涼者不宜多飲

# 夏 金銀花蓮子綠豆漿

此款豆漿是消暑佳品，非常適合夏季飲用。

**材料：**

綠豆 80 克，金銀花、蓮子、冰糖各 10 克。

**做法：**

1. 將綠豆用水浸泡 10~12 小時，撈出洗淨；蓮子用溫水浸泡至發軟；金銀花洗淨。
2. 把綠豆、蓮子和金銀花放入豆漿機中，加水至上下水位線之間，啟動豆漿機。
3. 待豆漿製作完成，過濾後加冰糖調勻即可。

**養生宜忌**

✕ 脾胃虛寒者不宜多飲。

# 西瓜豆漿

全家人可每天晚飯後
飲用一杯，消暑解渴。

**材料：**

黃豆 70 克， 西瓜 80 克。

**做法：**

1. 將黃豆用水浸泡 10~12 小時，撈出洗淨；西瓜洗淨，去皮去籽，切成小塊。
2. 把上述食材一起放入豆漿機中，加水至上下水位線之間，啟動豆漿機。待豆漿製作完成，濾出即可。

**養生宜忌**

✕ 不宜與羊肉同食。
✕ 西瓜性寒，多食易傷脾胃，引起腹痛腹瀉。

# 夏 雪梨奇異果豆漿

**材料：**

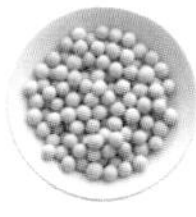

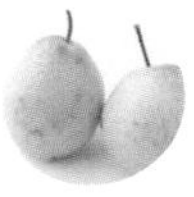

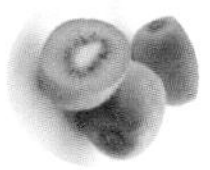

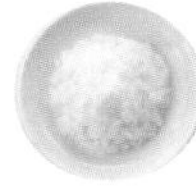

黃豆50克，雪梨、奇異果各1個，白糖適量。

**做法：**

1. 將黃豆用水浸泡 10~12 小時，撈出洗淨；雪梨洗淨，去皮，去核，切小塊；奇異果去皮，切小塊。
2. 把黃豆、雪梨、奇異果放入豆漿機中，加水至上下水位線之間，啟動豆漿機。
3. 待豆漿製作完成，濾出後加入白糖調勻即可。

**養生宜忌**

✕ 脾胃虛寒者不宜多飲。

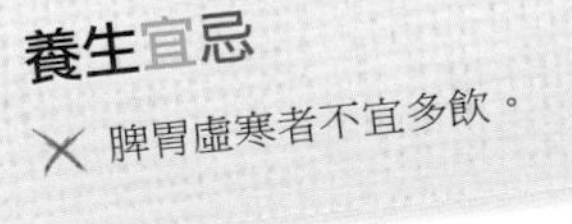

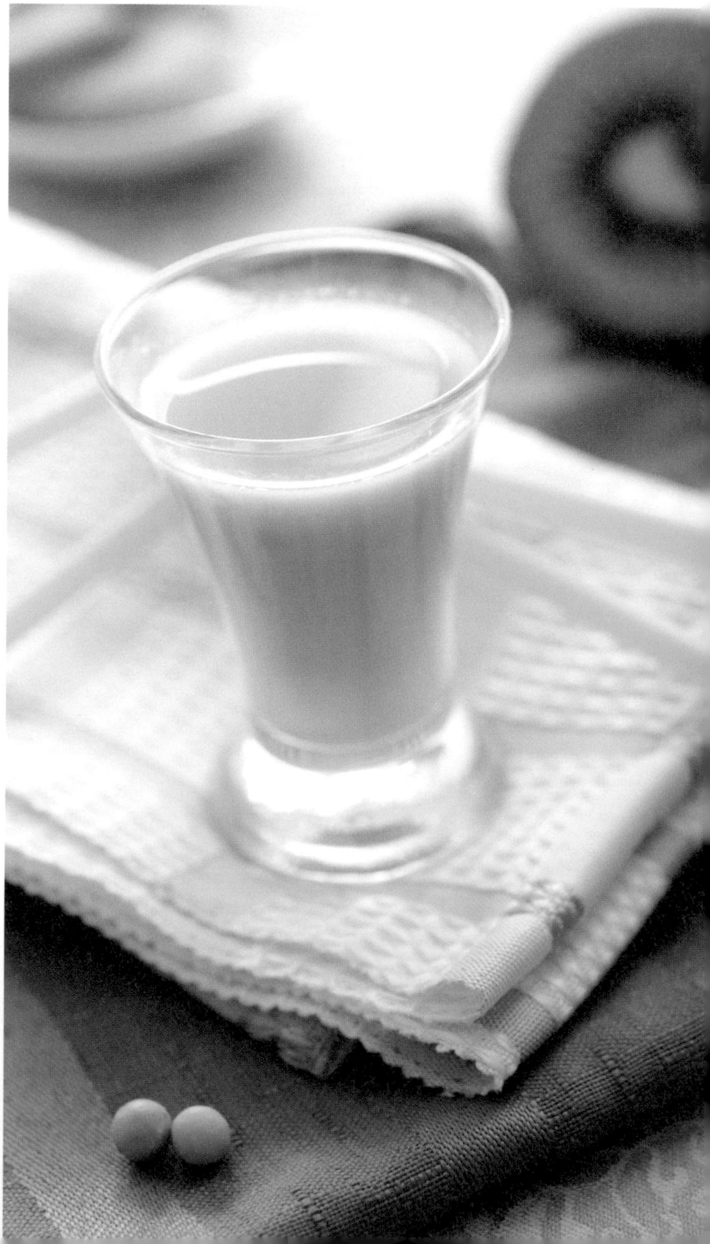

# 秋 百合花生銀耳豆漿

**材料：**

黃豆、花生仁各 30 克，乾百合、蓮子、銀耳各 10 克。

**做法：**

1. 將黃豆用水浸泡 10~12 小時，撈出洗淨；乾百合用溫水泡發；銀耳用溫水泡發，去底部黃色雜質，分成小瓣；蓮子去心，泡軟；花生仁洗淨。
2. 把上述食材一同放入豆漿機中，加水至上下水位線之間，啟動豆漿機，待豆漿製作完成，濾出即可。

**養生宜忌**

✕ 風寒感冒者不宜多飲。

# 秋 糙米山楂豆漿

此款豆漿消食，益腸胃，適合老人與兒童飲用。

**材料：**

 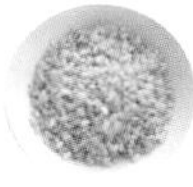 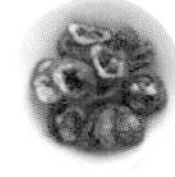 

黃豆 30 克，糙米 60 克，山楂 20 克，冰糖適量。

**做法：**

1. 將黃豆用水浸泡 10~12 小時，撈出洗淨；將糙米洗淨，用水浸泡 2~3 小時；山楂洗淨，去核，切碎。
2. 把黃豆、糙米、山楂放入豆漿機中，加水至上下水位線之間，啟動豆漿機。
3. 待豆漿製作完成，過濾後加冰糖調勻即可。

**養生宜忌**

✓ 適宜高血壓、高血脂患者飲用。
✓ 適宜消化不良患者飲用。
✗ 孕婦不宜多飲，因為山楂有破血散瘀的作用。

# 秋 枸杞小米豆漿

**材料：**

黃豆45克，小米35克，枸杞20克。

**做法：**

1. 將黃豆用水浸泡10~12小時，撈出洗淨；小米淘洗乾淨，用水浸泡2小時；枸杞洗淨，用水泡軟。
2. 把上述食材放入豆漿機中，加水至上下水位線之間，啟動豆漿機。待豆漿製作完成，濾出即可。

**養生宜忌**

✓ 枸杞適宜產婦飲用，因為此款豆漿有很好的補血作用。

✗ 正在感冒發燒、身體有炎症、腹瀉的人不宜多飲，因為枸杞溫熱身體的效果相當強。

## 秋 玉米豆漿

**材料：**

黃豆、玉米糝各 50 克。

**做法：**

1. 將黃豆用水浸泡 10~12 小時，撈出洗淨；將玉米糝洗淨。
2. 把黃豆、玉米糝放入豆漿機中，加水至上下水位線之間，啟動豆漿機。待豆漿製作完成，濾出即可。

**養生宜忌**

╳ 打豆漿時加水要適量，過稠的玉米糝豆漿會加重胃部負擔，不利於消化。

## 秋 桂圓紅豆豆漿

**材料：**

紅豆 50 克，桂圓肉 30 克。

**做法：**

1. 將紅豆用水浸泡 4~6 小時，撈出洗淨；桂圓肉切碎。
2. 把紅豆、桂圓肉放入豆漿機中，加水至上下水位線之間，啟動豆漿機。待豆漿製作完成，濾出即可。

**養生宜忌**

╳ 上火發炎者不宜多飲。

╳ 孕婦不宜多飲。

# 秋 花生黑芝麻黑豆漿

補益作用顯著，尤其適合老年人，每週可飲用 2~3 次。

**材料：**

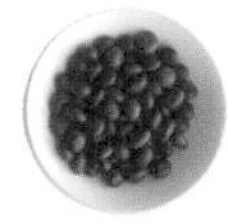  

黑豆 60 克，花生仁 25 克，黑芝麻 10 克。

**做法：**

1. 將黑豆用水浸泡 10~12 小時，撈出洗淨；花生仁、黑芝麻洗淨。
2. 把上述食材一同放入豆漿機中，加水至上下水位線之間，啟動豆漿機。
3. 待豆漿製作完成，濾出即可。

**養生宜忌**

✓ 此款豆漿具有抗衰老的作用，更適宜老年人飲用。

# (秋) 山藥蓮子豆漿

**材料：**

 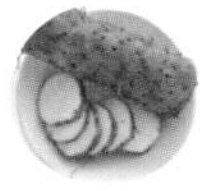  

黃豆60克，山藥30克，蓮子20克，冰糖適量。

**做法：**

1. 將黃豆用水浸泡10~12小時，撈出洗淨；山藥去皮，洗淨，切碎；蓮子去心，泡軟。
2. 把黃豆、山藥、蓮子放入豆漿機中，加水至上下水位線之間，啟動豆漿機。待豆漿製作完成，濾出後加入冰糖即可。

**養生宜忌**

✕ 大便燥結、腹部脹滿者不宜多飲。

#  蘋果檸檬豆漿

慢性咽喉炎患者的最佳飲品，可每天飲用。

**材料：**

  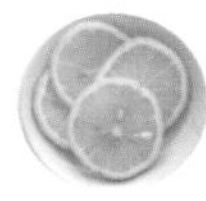

黃豆60克，蘋果1個，檸檬1/2個。

**做法：**

1. 將黃豆用水浸泡10~12小時，撈出洗淨；蘋果洗淨，去皮，去核，切小塊；檸檬擠汁，備用。
2. 把黃豆放入豆漿機中，加水至上下水位線之間，啟動豆漿機。待豆漿製作完成，濾出放涼。
3. 將豆漿、蘋果、檸檬汁一起放入豆漿機中，按「果蔬冷飲」鍵，即可製成。

**養生宜忌**

✓ 適宜慢性咽喉炎患者飲用。

✕ 糖尿病患者不宜多飲。

冬

# 核桃花生豆漿

核桃和花生都是補腦佳品，適合全家每天早餐時飲用。

**材料：**

  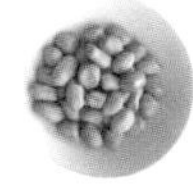 

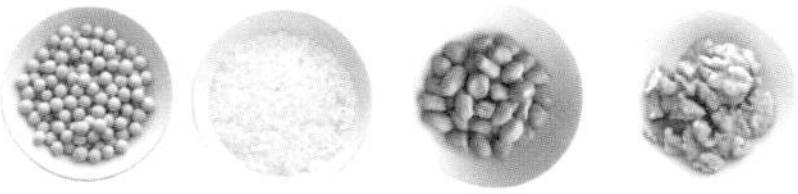

黃豆 50 克，米、花生仁各 25 克，核桃仁 15 克。

**做法：**

1. 將黃豆用水浸泡 10~12 小時，撈出洗淨；米淘洗乾淨；核桃仁、花生仁均洗淨。
2. 把上述食材放入豆漿機中，加水至上下水位線之間，啟動豆漿機。待豆漿製作完成，濾出即可。

**養生宜忌**

✓ 適宜老人飲用，對控制血壓、防止膽固醇升高、預防動脈硬化有益。

# 榛果草莓豆漿

榛果有助於寶寶的智力發育，
加上草莓，味道更鮮美，
適合懷孕中媽媽飲用。

**材料：**

紅豆 50 克，榛果 15 克，草莓 100 克。

**做法：**

1. 將紅豆用水浸泡 4~6 小時，撈出洗淨;草莓洗淨，去蒂，切丁；榛果碾碎。
2. 把上述食材放入豆漿機中，加水至上下水位線之間，啟動豆漿機。待豆漿製作完成，濾出即可。

**養生宜忌**

✕ 不宜與補鐵藥物同食。
✕ 虛寒泄瀉者不宜多飲。

# 冬 玉米花椰菜豆漿

此豆漿可搭配晚餐，適合全家飲用。

**材料：**

黃豆 25 克，玉米糁 50 克，花椰菜 70 克。

**做法：**

1 將黃豆用水浸泡 10~12 小時，撈出洗淨；花椰菜洗淨，切小塊；玉米糁淘洗乾淨，用水浸泡 2 小時。

2. 把上述食材放入豆漿機中，加水至上下水位線之間，啟動豆漿機。待豆漿製作完成，濾出即可。

**養生宜忌**

✓ 適宜防癌抗癌人士飲用。

✕ 服用四環素類藥物的病人不宜飲用。

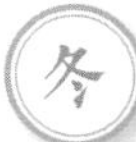

# 冬 核桃柑橘豆漿

**材料：**

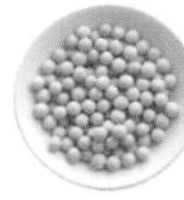

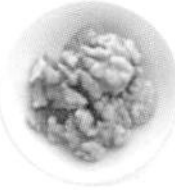

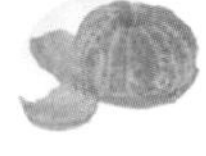

黃豆 50 克，核桃仁 10 克，柑橘 1 個。

**做法：**

1. 將黃豆用水浸泡 10~12 小時，撈出洗淨；核桃仁碾碎；柑橘去皮，去核，切丁。
2. 把上述食材放入豆漿機中，加水至上下水位線之間，啟動豆漿機。待豆漿製作完成，濾出即可。

**養生宜忌**

✓ 防癌抗癌人士適宜多飲。

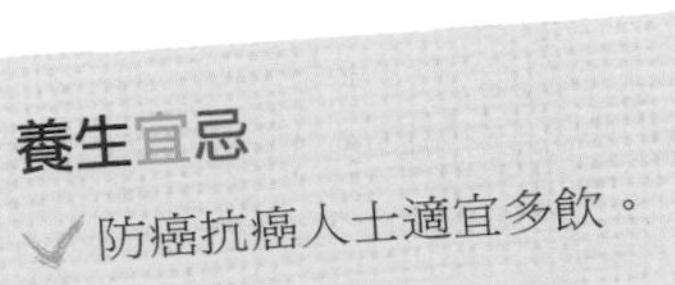

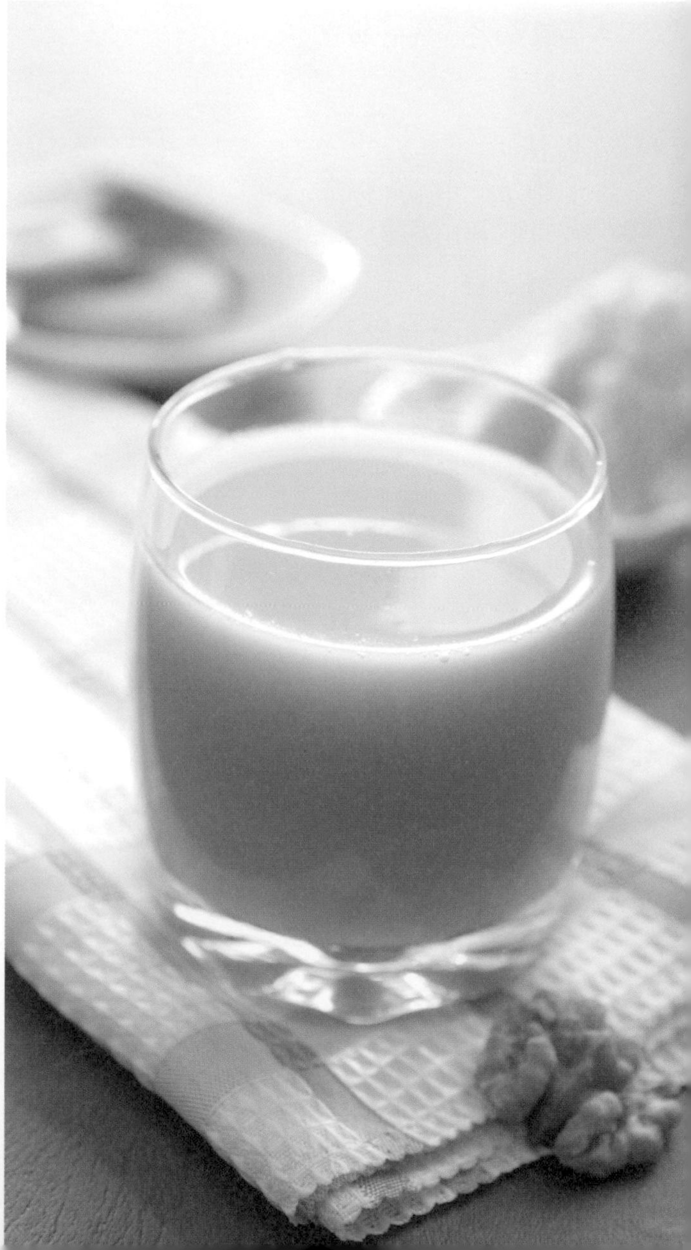

# 冬 枸杞豆漿

**材料：**

黃豆 60 克，枸杞 20 克。

**做法：**

1. 將黃豆用水浸泡 10~12 小時，撈出洗淨；枸杞用溫水洗淨。
2. 把上述食材放入豆漿機中，加水至上下水位線之間，啟動豆漿機。待豆漿製作完成，濾出即可。

**養生宜忌**

✓ 肝腎陰虧、腰膝酸軟、頭暈、咳嗽、遺精者宜飲。

✗ 外邪實熱、脾虛有濕及腹瀉者不宜飲用。

✗ 不宜與綠茶同飲。

# 木瓜蓮子豆漿

常飲此豆漿可助消化，清理腸胃。

**材料：**

黃豆 60 克，木瓜 20 克，蓮子 10 克。

**做法：**

1. 將黃豆用水浸泡 10~12 小時，撈出洗淨；木瓜去皮，洗淨，切丁；蓮子用溫水浸泡至發軟。
2. 把上述食材放入豆漿機中，加水至上下水位線之間，啟動豆漿機。待豆漿製作完成後濾出即可。

**養生宜忌**

✓ 適宜乳汁缺乏的哺乳媽媽飲用，因為木瓜催奶的效果顯著，食用能增加乳汁。

# 冬 南瓜紅豆豆漿

**材料：**

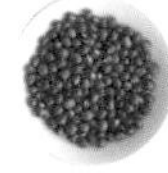

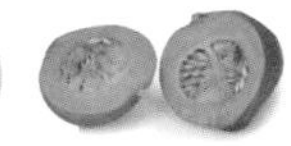

紅豆 60 克，南瓜 30 克。

**做法：**

1. 將紅豆用水浸泡 4~6 小時，撈出洗淨；南瓜去皮，去瓤和籽，洗淨，切小塊。
2. 把上述食材放入豆漿機中，加水至上下水位線之間，啟動豆漿機。待豆漿製作完成，濾出即可。

**養生宜忌**

✓ 適宜肥胖者飲用。

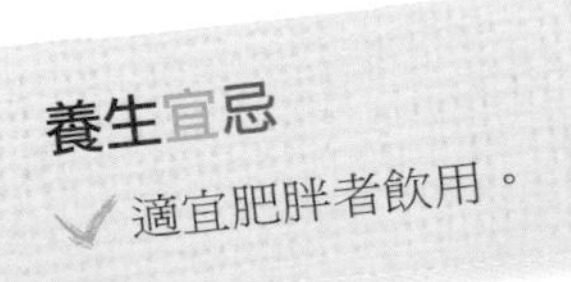

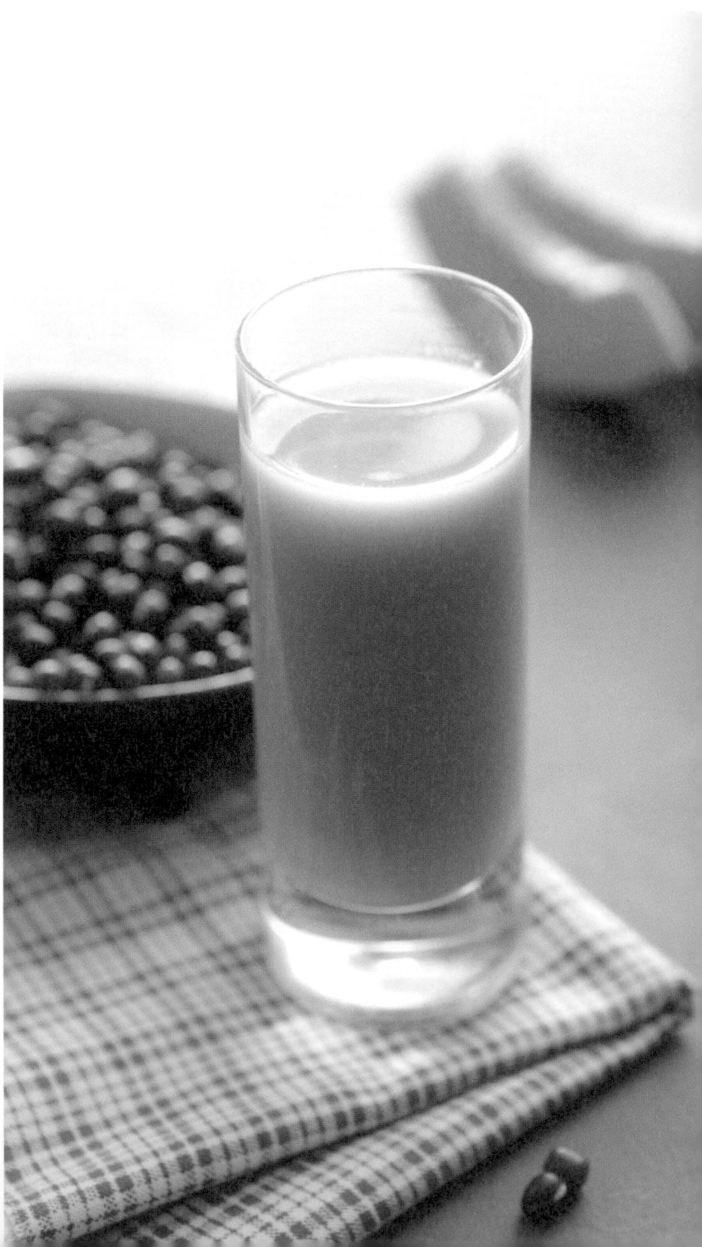

# 冬 桂圓枸杞豆漿

**材料：**

黃豆 60 克，桂圓肉 30 克，枸杞 15 克。

**做法：**

1. 將黃豆用水浸泡 10~12 小時，撈出洗淨；桂圓肉切碎；枸杞洗淨，泡軟，切碎。
2. 把上述食材放入豆漿機中，加水至上下水位線之間，啟動豆漿機。待豆漿製作完成，濾出即可。

**養生宜忌**

✓ 適宜女性、老人飲用。
✗ 內熱旺盛者不宜多飲。
✗ 孕婦不宜多飲。

# 第五章
# 不同族群喝不同豆漿

不論是身體快速發育的兒童，還是身負工作和家庭重擔的上班族，
或者是安享晚年的銀髮族，都需要營養的滋補，
但不同的族群需要重點補充不同的營養。
來製作不同的豆漿為家人提供健康的營養搭配吧！

# 豌豆綠豆漿

可潤腸通便，習慣性便秘的老年人可每天飲用。

**材料：**

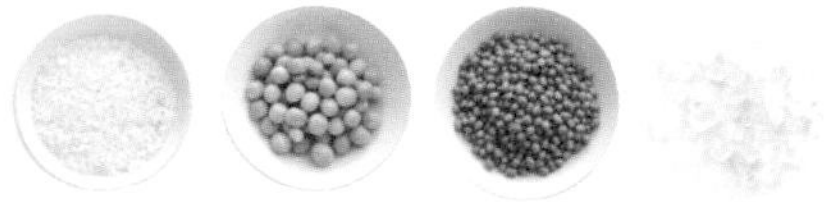

米 70 克，豌豆、綠豆各 15 克，冰糖 10 克。

**做法：**

1. 將綠豆、豌豆用水浸泡 10~12 小時，撈出洗淨；米淘洗乾淨。
2. 把綠豆、豌豆、米放入豆漿機中，加水至上下水位線之間，啟動豆漿機。
3. 待豆漿製作完成，濾出後加入冰糖拌勻即可。

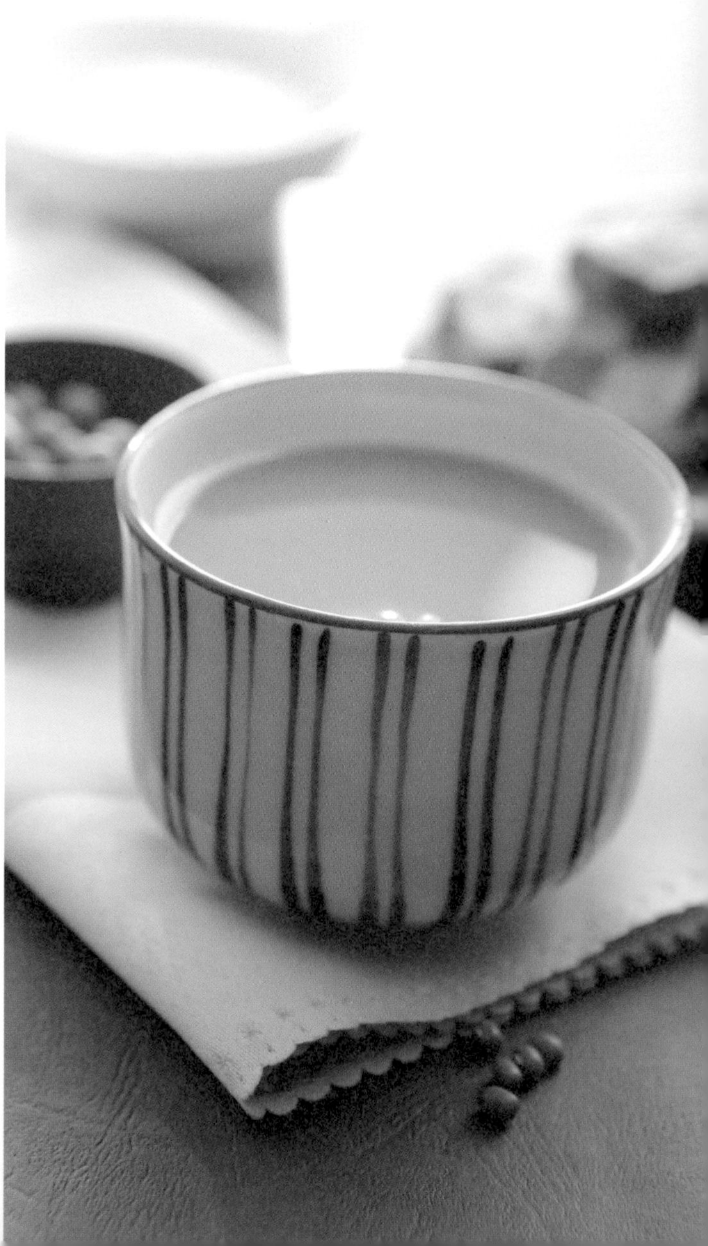

**養生宜忌**

✕ 脾胃虛弱者不宜多飲，因為豌豆、綠豆性涼。

老人益壽

# 燕麥山藥枸杞豆漿

**材料：**

黃豆 50 克，山藥 20 克，燕麥片、枸杞各 10 克。

**做法：**

1. 將黃豆用水浸泡 10~12 小時，撈出洗淨；山藥去皮，洗淨，切小塊；枸杞用溫水洗淨。
2. 把上述食材一同放入豆漿機中，加水至上下水位線之間，啟動豆漿機。待豆漿製作完成，濾出即可。

**養生宜忌**

✕ 此款豆漿溫熱效果顯著，正在感冒發燒、身體有炎症、腹瀉的人不宜飲用。

老人益壽

# 燕麥紅棗豆漿

處於更年期的人們，每天早餐喝半杯到一杯，可以養血安神。

**材料：**

 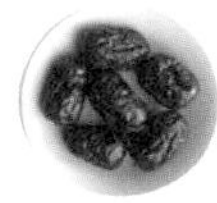 

黃豆 55 克，紅棗 25 克，燕麥片 15 克。

**做法：**

1. 將黃豆用水浸泡 10~12 小時，撈出洗淨；紅棗洗淨，去核，切碎。
2. 把上述食材連同燕麥片放入豆漿機中，加水至上下水位線之間，啟動豆漿機。待豆漿製作完成，濾出即可。

**養生宜忌**

✕ 此款豆漿不宜過多飲用，會引起脹氣。

老人益壽

# 桂圓糯米豆漿

**材料：**

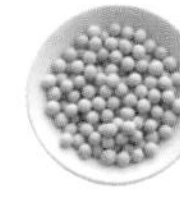

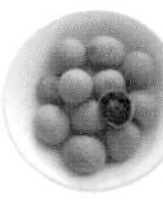

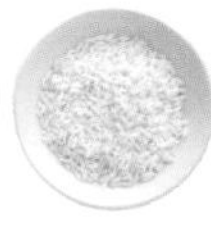

黃豆 50 克，桂圓、糯米各 20 克。

**做法：**

1. 將黃豆用水浸泡 10~12 小時，撈出洗淨；桂圓去皮，去核，切碎；糯米淘洗乾淨，用水浸泡 2 小時。
2. 把上述食材一同放入豆漿機中，加水至上下水位線之間，啟動豆漿機。待豆漿製作完成，濾出即可。

**養生宜忌**

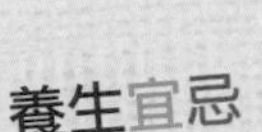

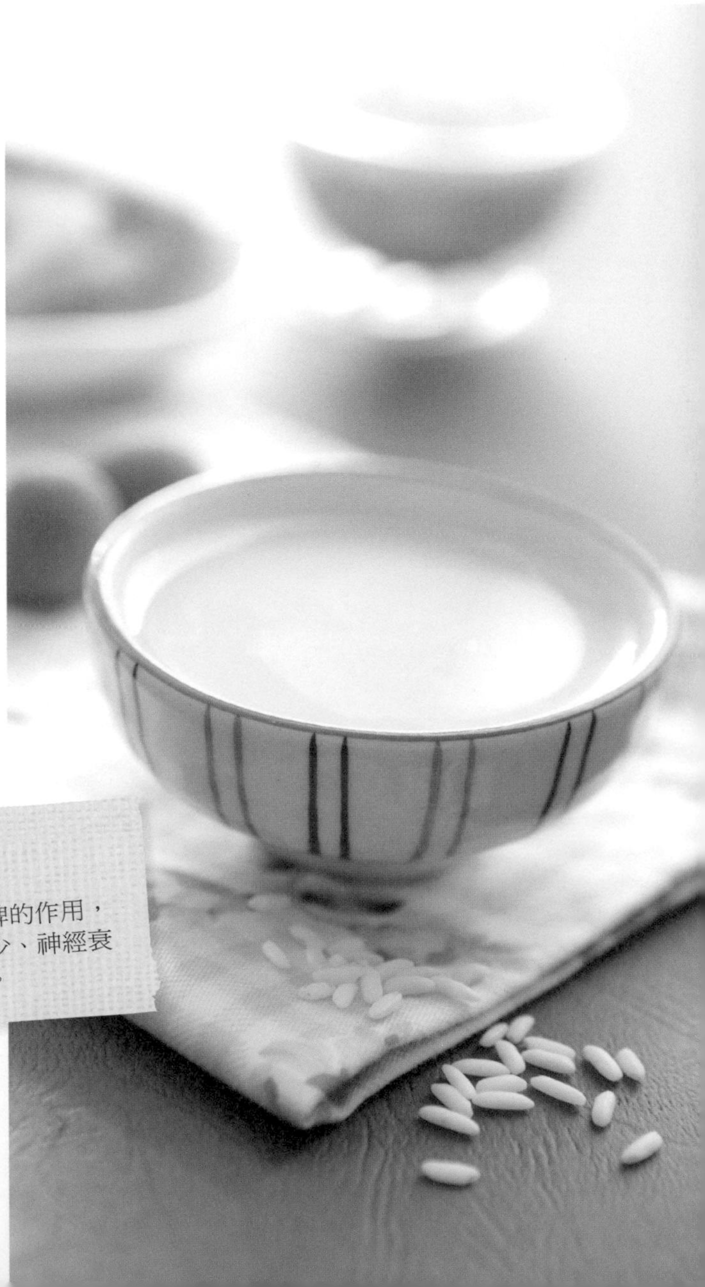

✓ 糯米有補中益氣、養胃健脾的作用，適合因體虛造成的食欲減少、神經衰弱、肌肉無力的老人食用。

# 老人益壽 南瓜黃豆豆漿

南瓜黃豆豆漿有助於中老年人降低血壓和血脂，可每週飲用 2~3 次。

**材料：**

黃豆 50 克，南瓜 70 克。

**做法：**

1. 將黃豆用水浸泡 10~12 小時，撈出洗淨；南瓜去皮，去瓤，切小塊。
2. 把黃豆、南瓜放入豆漿機中，加水至上下水位線之間，啟動豆漿機。待豆漿製作完成，濾出即可。

**養生宜忌**

✓ 適宜高血壓、高血脂患者飲用。

# 燕麥核桃豆漿

每天早餐時給小朋友一杯，並搭配麵包，健康又美味。

**材料：**

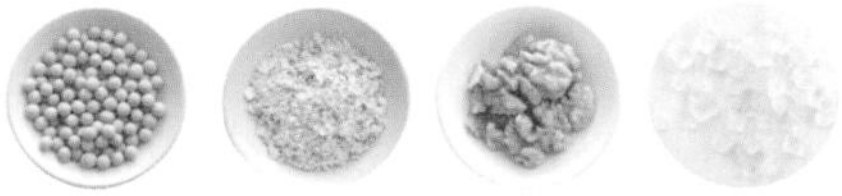

黃豆60克，燕麥片、核桃仁各15克，冰糖10克。

**做法：**

1. 將黃豆用水浸泡10~12小時，撈出洗淨；核桃仁洗淨，碾碎。
2. 把黃豆、燕麥片、核桃仁放入豆漿機中，加水至上下水位線之間，啟動豆漿機。
3. 待豆漿製作完成，濾出後加冰糖拌勻即可。

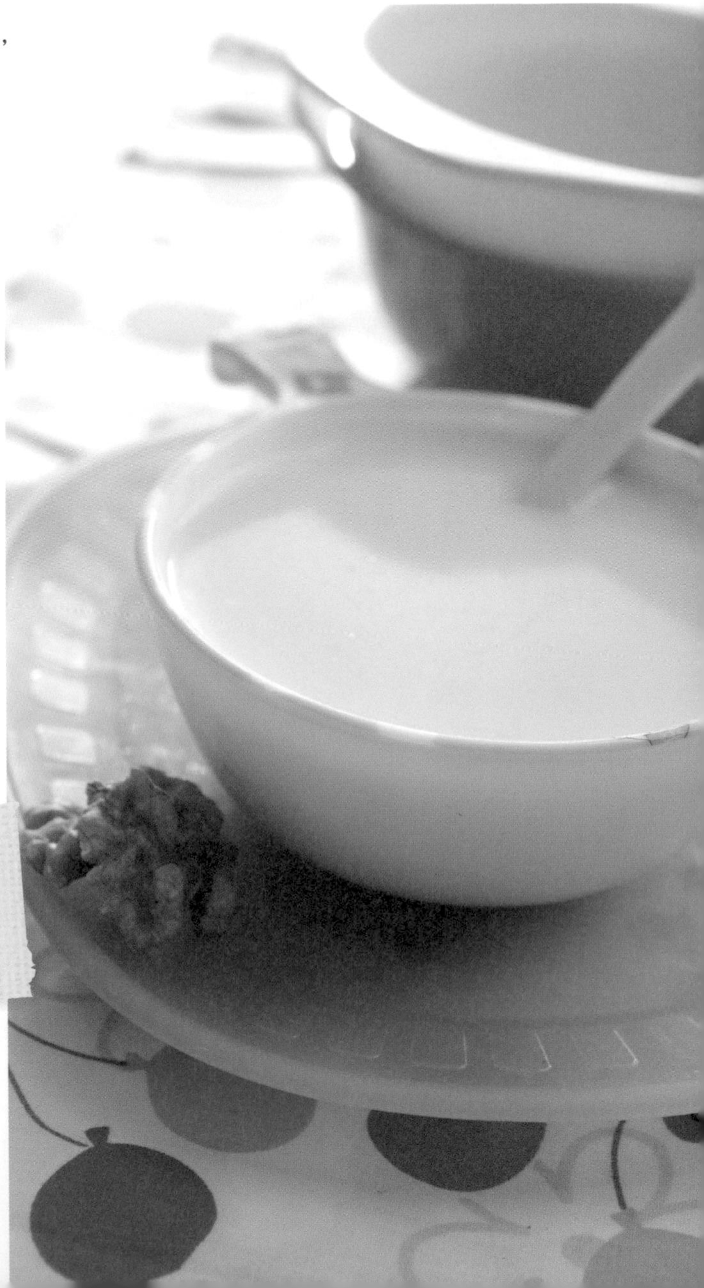

**養生宜忌**

✕ 便溏、腹瀉、痰熱咳喘、陰虛火旺的兒童不宜飲用。

兒童成長

# 荸薺銀耳豆漿

**材料：**

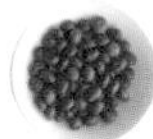 黑豆40克， 荸薺50克， 銀耳10克。

**做法：**

1. 將黑豆洗淨，用水泡 8 小時，泡至發軟；荸薺去皮，洗淨，切丁；銀耳泡發，洗淨，撕小塊。
2. 把上述食材一同放入豆漿機中，加水至上下水位線之間，啟動豆漿機。待豆漿製作完成，濾出即可。

**養生宜忌**

✕ 不宜風寒者、脾胃虛寒者多飲。
✓ 銀耳能防止鈣的流失，對兒童生長發育十分有益；荸薺可消宿食，此豆漿適宜飯後飲用。

兒童成長

# 小麥豌豆豆漿

**材料：**

 豌豆 60 克， 小麥仁 30 克。

**做法：**

1. 將豌豆用水浸泡 10~12 小時，撈出洗淨；小麥仁用水泡至發軟，撈出洗淨。
2. 把上述食材一同放入豆漿機中，加水至上下水位線之間，啟動豆漿機。待豆漿製作完成，濾出即可。

**養生宜忌**

✕ 豌豆性寒，難消化，不宜多吃。

# 紅蘿蔔菠菜豆漿

**材料：**

黃豆 60 克，紅蘿蔔、菠菜各 30 克，冰糖適量。

**做法：**

1. 將黃豆用水浸泡 10~12 小時，撈出洗淨；紅蘿蔔洗淨，去皮，切小塊；菠菜擇洗乾淨，切小塊。
2. 把上述食材一同放入豆漿機中，加水至上下水位線之間，啟動豆漿機。
3. 待豆漿製作完成，濾出後加適量冰糖拌勻即可。

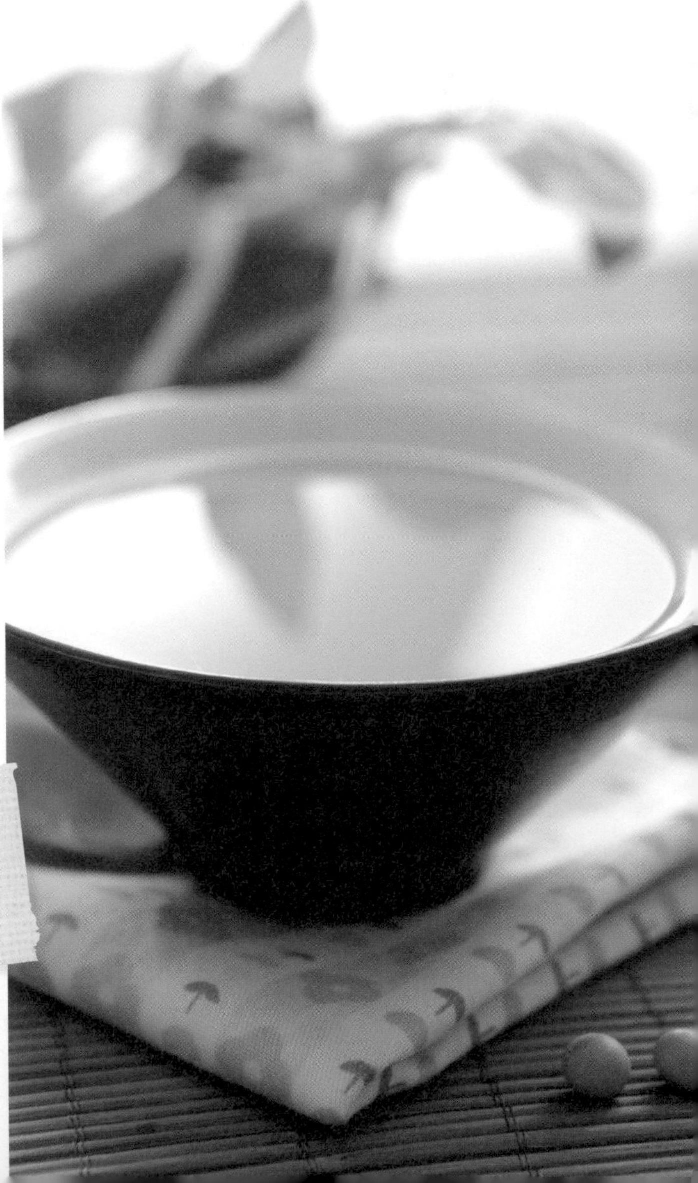

**養生宜忌**

✕ 不宜與醋同食。
✕ 腸胃虛寒、腹瀉者不宜多飲。
✕ 痛風患者不宜多飲。

兒童成長

# 燕麥黑芝麻豆漿

此豆漿含豐富的蛋白質、脂肪，對兒童生長發育有益，建議每週飲用 2~3 次。

**材料：**

黃豆 50 克，燕麥片 30 克，熟黑芝麻 10 克，白糖適量。

**做法：**

1. 將黃豆用水浸泡 10~12 小時，撈出洗淨；黑芝麻碾碎。
2. 把上述食材連同燕麥片放入豆漿機中，加水至上下水位線之間，啟動豆漿機。
3. 待豆漿製作完成，濾出後加適量白糖拌勻即可。

**養生宜忌**

✕ 便溏腹瀉的兒童不宜飲用。因為黑芝麻含有較多油脂，加上燕麥含有豐富的膳食纖維，有潤腸通便的作用。

女性美容

# 桂圓紅棗小米豆漿

桂圓、紅棗、小米都是滋補美容佳品，愛美女性可每週飲用 2~3 次。

**材料：**

黃豆 50 克，小米、桂圓各 20 克，紅棗 15 克。

**做法：**

1. 將黃豆用清水浸泡 10~12 小時，撈出洗淨；桂圓去皮，去核；小米淘洗乾淨，用水浸泡 2 小時；紅棗洗淨，去核，切碎。
2. 把上述食材一同放入豆漿機中，加清水至上下水位線之間，啟動豆漿機。待豆漿製作完成，濾出即可。

**養生宜忌**

✕ 腹瀉、內熱旺盛者不宜飲用。

女性美容

# 花生黑米豆漿

**材料：**

 黃豆50克， 黑米20克， 花生仁15克。

**做法：**

1. 將黃豆用清水浸泡10~12小時（泡至發軟），撈出洗淨；黑米淘洗乾淨，用清水浸泡2小時；花生仁洗淨。
2. 將上述食材一同放入豆漿機中，加清水至上下水位線之間，啟動豆漿機。待豆漿製作完成，濾出即可。

**養生宜忌**

✕ 消化不良者不宜多飲。
✕ 高血脂患者不宜多飲。

女性美容

# 西瓜玉米豆漿

**材料：**

 黃豆60克， 玉米糁25克， 西瓜200克。

**做法：**

1. 將黃豆用水浸泡10~12小時，撈出洗淨；玉米糁淘洗乾淨；西瓜瓤切小塊，去籽。
2. 將上述食材一同放入豆漿機中，加清水至上下水位線之間，啟動豆漿機。
3. 待豆漿製作完成，濾出即可。

**養生宜忌**

✕ 腹痛腹瀉者不宜多飲。
✕ 重遺尿患者不宜多飲。

# 腰果杏仁豆漿

油脂含量較高，建議飲用當天少吃或不再另吃堅果。

**材料：**

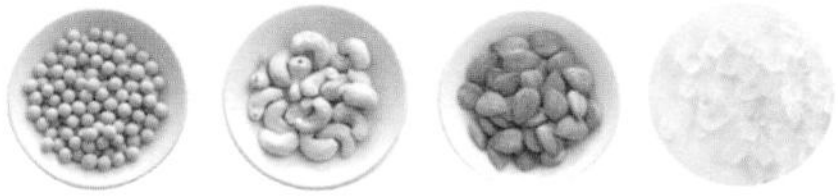

黃豆50克，腰果20克，杏仁10克，冰糖適量。

**做法：**

1. 將黃豆用清水浸泡10~12小時，撈出洗淨；把腰果、杏仁用水泡軟。
2. 把黃豆、腰果和杏仁放入豆漿機中，加水至上下水位線之間，啟動豆漿機。
3. 待豆漿製作完成，濾出後加適量冰糖拌勻即可。

**養生宜忌**

✓ 適宜便秘者飲用。
✕ 腹瀉者不宜飲用。
✕ 過敏性體質者不宜多飲。

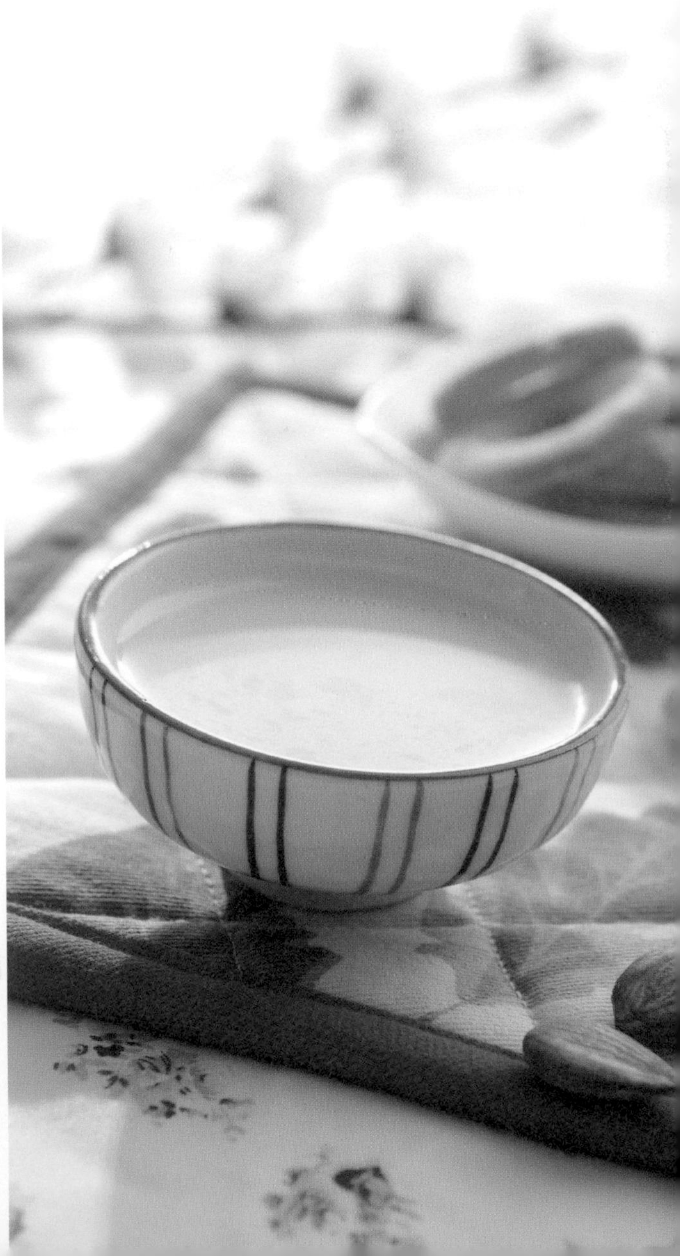

女性美容

# 蜂蜜玫瑰豆漿

**材料：**

黃豆 80 克，玫瑰花 10 克，蜂蜜適量。

**做法：**

1. 將黃豆用水浸泡 10~12 小時，撈出洗淨；玫瑰花洗淨，泡開，切碎。
2. 將黃豆、玫瑰花放入豆漿機中，加清水至上下水位線之間，啟動豆漿機。
3. 待豆漿製作完成，濾出豆漿放至微溫，加入蜂蜜拌勻即可。

**養生宜忌**

✕ 孕婦不宜飲用。
✕ 女性經期不宜飲用。

# 糯米芝麻松子豆漿

**材料：**

黃豆40克，糯米20克，熟黑芝麻、松子各10克。

**做法：**

1. 將黃豆用水浸泡10~12小時，撈出洗淨；熟黑芝麻碾碎；糯米淘洗乾淨；松子去殼，碾碎。
2. 將上述食材一起放入豆漿機中，加清水至上下水位線之間，啟動豆漿機。待豆漿製作完成，濾出即可。

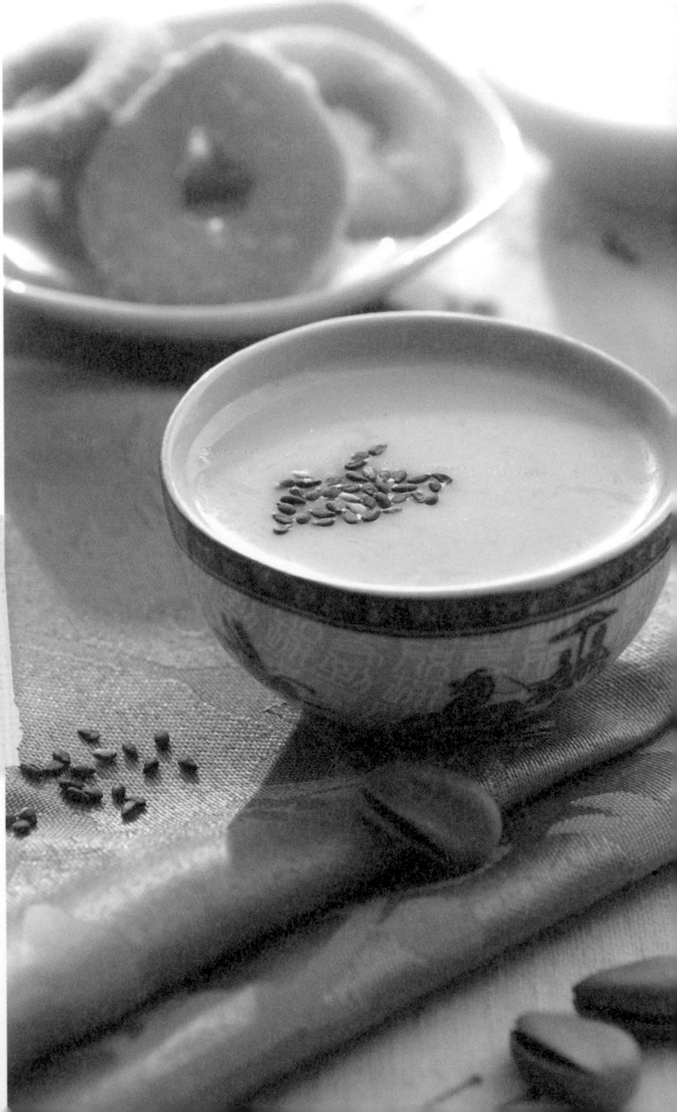

**養生宜忌**

✕ 不宜便溏、精滑、咳嗽痰多、腹瀉者飲用。

✕ 因含油脂豐富，不宜膽功能嚴重不良者飲用。

# 男性豆漿 核桃黑芝麻豆漿

**材料：**

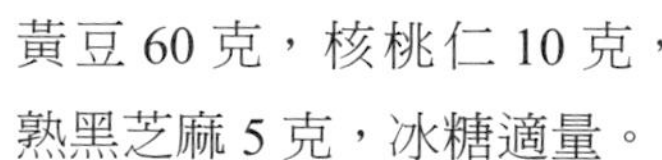

黃豆 60 克，核桃仁 10 克，熟黑芝麻 5 克，冰糖適量。

**做法：**

1. 將黃豆用水浸泡 10~12 小時，撈出洗淨；核桃仁、黑芝麻均碾碎。
2. 將黃豆、核桃仁、黑芝麻放入豆漿機中，加水至上下水位線之間，啟動豆漿機。
3. 待豆漿製作完成，濾出後加入冰糖拌勻即可。

**養生宜忌**

✕ 不宜便溏、腹瀉、痰熱咳喘、陰虛火旺者飲用。

男性豆漿

# 木耳蘿蔔蜂蜜豆漿

此款豆漿潤肺清咳效果極佳，感冒上火時可每天飲用。

**材料：**

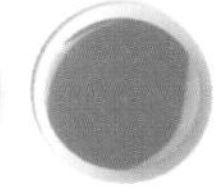

黃豆60克，蘿蔔30克，木耳10克，蜂蜜適量。

**做法：**

1. 將黃豆用水浸泡10~12小時，撈出洗淨；蘿蔔洗淨，切丁；木耳泡發，洗淨，切碎。
2. 將黃豆、蘿蔔、木耳放入豆漿機中，加水至上下水位線之間，啟動豆漿機。
3. 待豆漿製作完成，濾出後放至微溫，加入蜂蜜拌勻即可。

**養生宜忌**

✓ 木耳中的膠質可把殘留在人體消化系統內的灰塵、雜質吸附集中起來排出體外，是紡織業、理髮業和礦山高粉塵工作條件下工作者必備的保健食品。

# 男性豆漿 蘆筍豆漿

可增強男性活力和減緩壓力，
建議男士每週飲用 2~3 次。

**材料：**

黃豆 50 克，蘆筍 25 克。

**做法：**

1. 將黃豆用水浸泡 10~12 小時，撈出洗淨；蘆筍洗淨切成小段，用熱水汆燙，撈出瀝乾。
2. 將黃豆、蘆筍放入豆漿機中，加水至上下水位線之間，啟動豆漿機。待豆漿製作完成，濾出即可。

**養生宜忌**

✓ 適宜防癌抗癌人士飲用。
✗ 不宜與香蕉同食。

# 花生腰果豆漿

工作疲勞時來一杯，
美味又解壓。

**材料：**

黃豆60克，腰果、花生仁各20克。

**做法：**

1. 將黃豆用水浸泡10~12小時，撈出洗淨；腰果碾碎；花生仁洗淨。
2. 將黃豆、腰果、花生仁放入豆漿機中，加清水至上下水位線之間，啟動豆漿機。待豆漿製作完成，濾出即可。

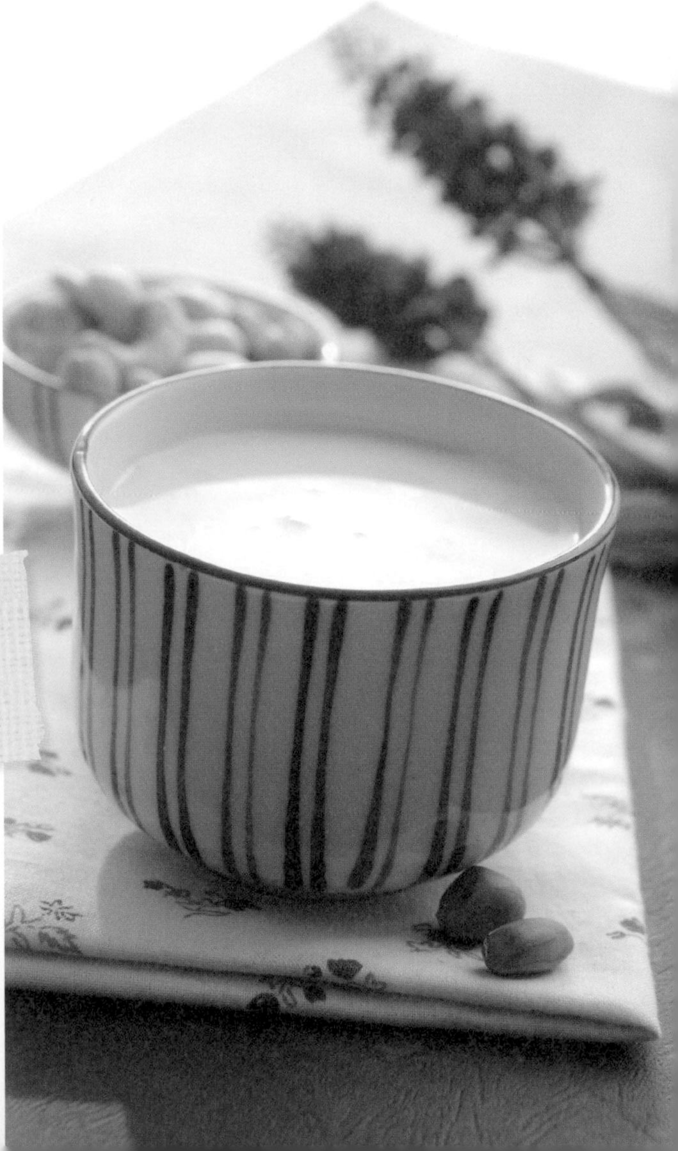

**養生宜忌**

✕ 不宜跌打損傷者飲用。
✕ 不宜過敏體質者飲用，因為腰果含有多種過敏原。

# 孕婦保健 芝麻米豆漿

**材料：**

黃豆、米各 40 克，
黑芝麻 20 克，薑片 3 片。

**做法：**

1. 將黃豆用水浸泡 10~12 小時，撈出洗淨；米淘洗乾淨；芝麻碾碎；薑片切碎。
2. 將上述食材一起放入豆漿機中，加清水至上下水位線之間，啟動豆漿機。待豆漿製作完成，濾出即可。

**養生宜忌**

✕ 不宜腹瀉的懷孕媽媽飲用。

# 銀耳百合黑豆漿

適合孕期妊娠反應強烈和焦慮性失眠的懷孕媽媽飲用。

**材料：**

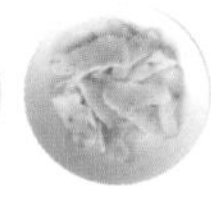

黑豆 50 克，乾燥銀耳、鮮百合各 25 克。

**做法：**

1. 將黑豆用水浸泡 10~12 小時，撈出洗淨；銀耳擇洗乾淨，切碎；百合擇洗乾淨，分瓣。
2. 將上述食材一起放入豆漿機中，加清水至上下水位線之間，啟動豆漿機。待豆漿製作完成，濾出即可。

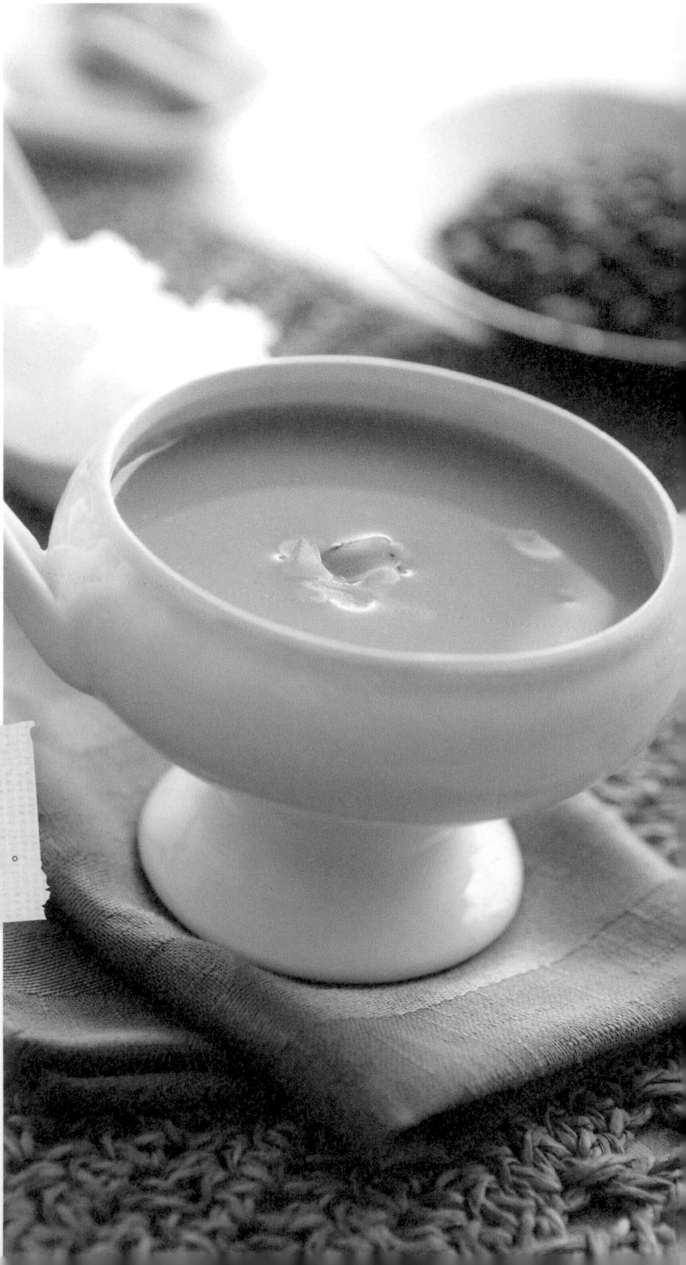

**養生宜忌**

✕ 外感風寒的懷孕媽媽不宜飲用。
✕ 有妊娠糖尿病的懷孕媽媽不宜飲用。

# 豌豆小米豆漿

豌豆和小米可促進胎兒的中樞神經系統發育，增強懷孕媽媽體質，建議每週飲用 2~3 次。

**材料：**

黃豆 50 克，小米、豌豆各 25 克，冰糖適量。

**做法：**

1. 將黃豆用水浸泡 10~12 小時，撈出洗淨；小米用水浸泡 2 小時，撈出洗淨；豌豆洗淨。
2. 將黃豆、小米、豌豆放入豆漿機中，加清水至上下水位線之間，啟動豆漿機。
3. 待豆漿製作完成，濾出後加冰糖拌勻即可。

**養生宜忌**

✕ 體質虛寒、小便清長的懷孕媽媽不宜多飲。

孕婦保健

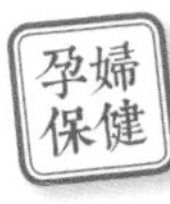

# 雪梨豆漿

**材料：**

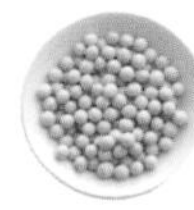

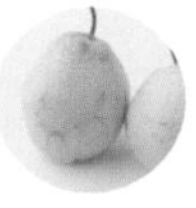

黃豆 50 克，雪梨 1 個。

**做法：**

1. 將黃豆用水浸泡 10~12 小時，撈出洗淨；雪梨洗淨，去皮，去核，切小塊。
2. 將上述食材一起放入豆漿機中，加清水至上下水位線之間，啟動豆漿機。待豆漿製作完成，濾出即可。

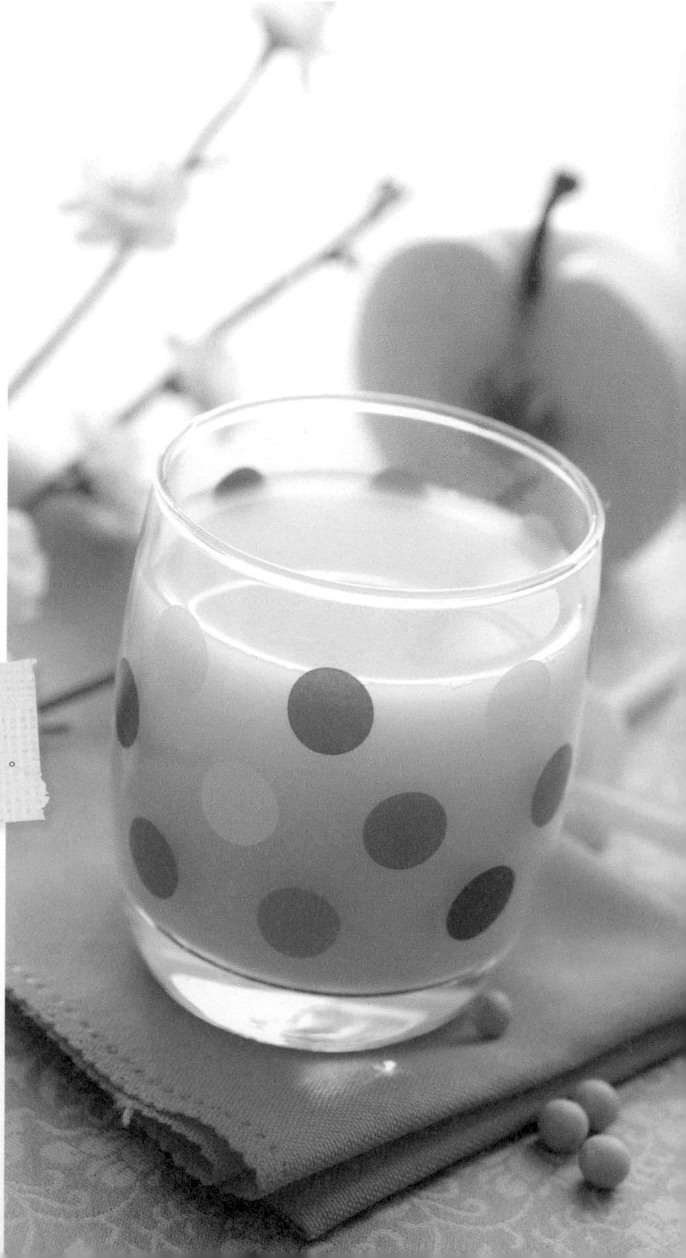

**養生宜忌**

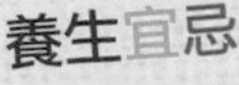

✕ 不宜脾胃虛寒、慢性腹瀉者飲用。

# 孕婦保健 紅棗花生豆漿

既有營養，又可預防流產和妊娠高血壓，懷孕媽媽可每天喝一杯。

**材料：**

 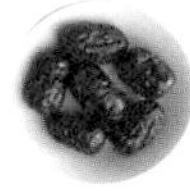 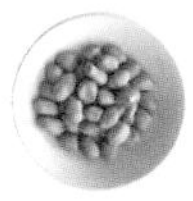

黃豆 50 克，紅棗 15 克，花生仁 20 克。

**做法：**

1. 將黃豆用水浸泡 10~12 小時，撈出洗淨；紅棗洗淨，去核，切碎；花生仁洗淨。
2. 將上述食材一起放入豆漿機中，加清水至上下水位線之間，啟動豆漿機。待豆漿製作完成，濾出即可。

**養生宜忌**

✕ 妊娠期血糖不正常者不宜飲用。

# 香蕉銀耳百合豆漿

情緒緊張的產婦不妨每週飲用 2~3 次，可安神鎮靜。

**材料：**

黃豆 60 克、銀耳、鮮百合、冰糖各 10 克，香蕉 2 根。

**做法：**

1. 將黃豆用水浸泡 10~12 小時，撈出洗淨；銀耳用水泡發，擇去老根及雜質，撕成小朵；新鮮百合剝開，洗淨去老根；香蕉去皮，切小塊。
2. 將黃豆、銀耳、百合、香蕉放入豆漿機中，加清水至上下水位線之間，啟動豆漿機。
3. 待豆漿製作完成，濾出後加冰糖拌勻即可。

**養生宜忌**

✕ 不宜外感風寒者飲用。

# 紅豆紅棗豆漿



**材料：**

黃豆 40 克，紅豆 20 克，
紅棗 15 克，冰糖 10 克。

**做法：**

1. 將黃豆用水浸泡 10~12 小時，撈出洗淨；紅豆用水浸泡 4~6 小時，撈出洗淨；紅棗洗淨，去核，切碎。
2. 將黃豆、紅豆、紅棗放入豆漿機中，加清水至上下水位線之間，啟動豆漿機。
3. 待豆漿製作完成，濾出後加冰糖拌勻即可。

**養生宜忌**

✓ 適宜產後乳汁不足的新手媽媽飲用。

# 產婦滋養 紅薯山藥豆漿

**材料：**

黃豆 30 克，紅薯丁、山藥丁各 15 克，米、小米各 10 克。

**做法：**

1. 將黃豆用水浸泡 10~12 小時，撈出洗淨；米、小米均用水浸泡 2 小時，撈出洗淨。
2. 將上述食材連同紅薯丁、山藥丁一起放入豆漿機中，加清水至上下水位線之間，啟動豆漿機。
3. 待豆漿製作完成，濾出即可。

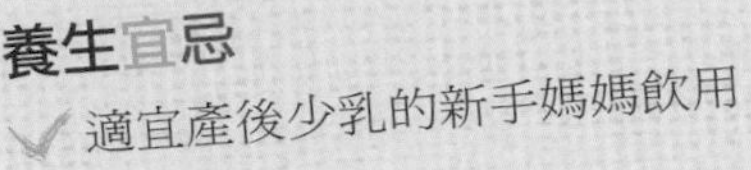

**養生宜忌**

✓ 適宜產後少乳的新手媽媽飲用。

產婦滋養

# 葡萄乾蘋果豆漿

能增強大腦記憶力，產後健忘的新手媽媽不妨每週飲用 2~3 次。

**材料：**

黃豆、米各 30 克，蘋果 1 個，葡萄乾 10 克，蜂蜜適量。

**做法：**

1. 將黃豆用水浸泡 10~12 小時，撈出洗淨；米洗淨，瀝乾，備用；蘋果洗淨，去皮，去核，切成小方丁；葡萄乾洗淨，切碎。
2. 將黃豆、米、蘋果、葡萄乾放入豆漿機中，加清水至上下水位線之間，啟動豆漿機。
3. 待豆漿製作完成，濾出後加冰糖拌勻即可。

**養生宜忌**

✕ 不宜患有糖尿病新手媽媽飲用。

# 阿膠核桃紅棗豆漿

產後哺乳的新手媽媽如吃膩了鯽魚湯，可飲用此款豆漿。

**材料：**

黃豆 60 克，阿膠 5 克，
核桃仁 20 克，紅棗 15 克。

**做法：**

1. 將黃豆用水浸泡 10~12 小時，撈出洗淨；核桃仁碾碎；紅棗洗淨，去核，切碎；阿膠處理成小碎塊，隔水蒸 15 分鐘，備用。
2. 將黃豆、核桃仁、紅棗一起放入豆漿機中，倒入化開的阿膠，加清水至上下水位線之間，啟動豆漿機。待豆漿製作完成，濾出即可。

**養生宜忌**

✕ 有便溏、腹瀉、痰熱咳喘症狀的新手媽媽不宜飲用。

# 第六章

# 豆漿豆渣做美食

豆漿美味，而且可以做成很多美食，

而豆渣也不是沒用的東西，

同樣具有很神奇的養生功效。

下面就讓我們來看看仔細看看豆漿和豆渣還能做成什麼美食吧。

豆漿料理

# 豆漿手擀麵

和成稍硬的麵團，放冰箱裡醒半小時，取出切成細條再煮，麵條口感會更筋道。

**材料：**

麵粉、番茄雞蛋大滷汁各 200 克，豆漿 100 毫升，黃瓜 50 克，鹽適量。

**做法：**

1. 麵粉中加鹽，少量多次淋入豆漿，揉成麵團；黃瓜洗淨，切絲。
2. 麵團擀成薄片，按「S」形反復折疊整齊，切成細絲，抖開，撒少許麵粉，煮熟。
3. 將煮熟的麵條撈入碗中，淋上番茄雞蛋大滷汁，放上黃瓜絲拌勻即可食用。

**養生功效**

✓ 煮手擀麵的水不要倒掉，其中富含維生素 $B_1$，能促進消化，並幫助人體吸收其中的營養，之所謂「原湯化原食」

# 豆漿瘦肉粥

夏天可以用綠豆豆漿來煮粥，
既增加食欲又防中暑。

**材料：**

原味豆漿1000毫升，米100克，瘦肉80克，香菇、紅蘿蔔、銀杏、芹菜末、鹽各適量。

**做法：**

1. 把瘦肉洗淨，切丁，用熱水汆燙，撈出瀝乾；香菇、紅蘿蔔均洗淨，切丁。
2. 在鍋中加入適量水，把瘦肉丁、米放入鍋中煮開，轉小火繼續熬煮25分鐘。
3. 再把香菇丁、紅蘿蔔丁、銀杏、豆漿加入鍋中，繼續煮15分鐘左右，加入芹菜末、鹽拌勻即可。

**養生功效**

✓ 米有健脾和胃，壯氣力，強肌肉的作用，搭配瘦肉和香菇等蔬菜，營養更豐富全面，適合各類族群。

豆漿料理

# 豆漿鯽魚湯

煮鯽魚湯時，每隔 10 分鐘要去一次湯上的浮沫，湯才會更白。

**材料：**

豆漿 500 毫升，鯽魚 1 條，蔥段、薑片各 15 克，鹽、料酒各適量。

**做法：**

1. 鯽魚去鱗、除腮、去內臟，清洗乾淨。
2. 油鍋燒至六成熱，將鯽魚煎至兩面微黃，下蔥段和薑片，淋入料酒，蓋上鍋蓋燜一會兒，倒入豆漿，加蓋燒開後轉小火煮 30 分鐘，下鹽調味即可。

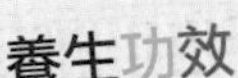

✓ 具有增強抵抗力、補虛通乳的功效。豆漿鯽魚湯含有大量優質蛋白質，能補充營養、增強抵抗力，有利於術後體虛者和產婦的身體恢復，產婦食用還能通乳。不過魚卵膽固醇含量較高，中老年血脂異常症患者慎食。

# 南瓜豆漿濃湯

給銀髮族做這道湯時，
高湯與豆漿的用量最好是1：1。

**材料：**

豆漿150毫升，南瓜200克，蝦仁50克，青豆20克，紅蘿蔔30克，洋蔥末15克，高湯500毫升，橄欖油1大匙，鹽、蒜末、胡椒粉適量。

**做法：**

1. 南瓜去籽，去皮，切片備用；紅蘿蔔洗淨、切丁，與青豆、蝦仁一起放入沸水中汆燙，再將蝦仁切丁備用。
2. 熱鍋，加入適量橄欖油，爆香蒜末、洋蔥末，放入南瓜片拌炒數下，再加入高湯煮至南瓜軟化，倒入豆漿，煮沸後放胡蘿蔔丁、蝦仁、青豆再次煮沸，加鹽和胡椒粉調勻即可。

**養生功效**

- 適合便秘患者。能促進胃腸蠕動，強健脾胃，幫助消化，改善食欲不振、消化不良、便秘等不適。
- 含有豐富的鈷，能活躍人體的新陳代謝，促進造血功能。

豆漿料理

# 魚片豆漿茶泡飯

鮭魚肉必須用調料醃漬入味，煎時用中火，防止外焦內不熟。

**材料：**

豆漿500毫升，鮭魚50克，米飯1碗，綠茶、海苔絲、芝麻、鹽各適量。

**做法：**

1. 將鮭魚肉加鹽醃漬；綠茶用開水泡開。
2. 煎鍋倒油燒熱，放入鮭魚肉略微煎後弄碎。
3. 將綠茶、豆漿倒入米飯中，加入碎鮭魚肉，撒入芝麻、海苔絲即可。

**養生功效**

綠茶能清熱、去火、提神、利尿、消炎；鮭魚肉含有豐富的Ω-3脂肪酸，能降低體內膽固醇含量，可預防癌症和血栓，還可以減輕抑鬱情緒並預防失憶；本品蛋白質豐富，排毒、下氣消食。

# 豆漿燴菜

花椰菜開鍋後略煮 1~2 分鐘即可。

**材料：**

豆漿500毫升，花椰菜1/2個，油菜 100 克，鮮香菇 25 克，紅蘿蔔 50 克，鹽、雞精、蔥末適量。

**做法：**

1. 花椰菜擇洗乾淨，切成小瓣；油菜擇洗乾淨，切成兩半；香菇擇洗乾淨，用沸水汆燙，撈出，切塊；紅蘿蔔洗淨，切片。
2. 油鍋燒至七成熱，加蔥末炒香，放入紅蘿蔔片翻炒，倒入豆漿和適量清水大火燒開，加入花椰菜、油菜、香菇略煮，加適量鹽和雞精調味即可。

**養生功效**

- 花椰菜能增強免疫力、改善血管內皮功能及抗動脈粥樣硬化，阻止癌前病變細胞形成、抑制癌細胞生長；香菇有降壓、抗癌作用；紅蘿蔔對防治高血壓、糖尿病、癌症有一定作用。本道料理具有增加抵抗力、防癌的作用。

豆漿料理

# 芒果肉蛋豆漿湯

要用熟透的芒果來煮湯，不僅口感好，也更利於吸收。

**材料：**

豆漿 200 毫升，芒果、雞蛋各 1 個，雞胸肉、蝦仁各 75 克，高湯 500 毫升，鹽、雞精、胡椒粉、蔥末、太白粉各適量。

**做法：**

1. 雞蛋打入碗中，攪成蛋液；蝦仁、雞胸肉均洗淨，剁碎；芒果洗淨，去皮，去核，切丁。
2. 油鍋燒至七成熱，炒香蔥末，倒入豆漿燒開，加入碎蝦仁、碎雞胸肉、芒果丁，倒入高湯燒開，淋入蛋液攪成蛋花，放入胡椒粉、鹽、雞精調味，用太白粉勾芡即可。

**養生功效**

本品具有益胃生津、清熱滋陰的功效，能緩解更年期內分泌紊亂、失眠等症狀。

豆漿料理

# 豆漿黑芝麻湯圓

如果早晨吃湯圓，一次最多吃4顆，還要搭配點葉菜類青菜。

**材料：**

豆漿500毫升，黑芝麻湯圓6個，白糖適量。

**做法：**

1. 把豆漿煮沸之後，放入黑芝麻湯圓，直至湯圓煮軟煮熟。
2. 根據個人口味加入適量白糖調味即可。

**養生功效**

本品具有滋陰養顏，補肝益腎的功效。適合有貧血、失眠、便秘、腰腿疼痛等病症者。也可作為早餐或點心食用。

豆漿料理

# 豆漿山藥雞腿煲

山藥久煮易爛，會融化在湯中，應以中小火慢煮至熟，使其形狀完整。

**材料：**

原味豆漿 800 毫升，山藥 300 克，雞腿 2 隻，枸杞、蒜末、醬油、白糖、米酒、麵粉、鹽、雞精、白胡椒粉各適量。

**做法：**

1. 雞腿剔去骨，切成塊狀，加入醬油、白糖、米酒和麵粉拌勻，醃漬 20 分鐘；山藥洗淨，去皮，切成小塊，放入清水中浸泡待用；枸杞用清水泡軟。
2. 油鍋燒熱，爆香蒜末，倒入雞腿塊炒至肉色變白。放入山藥塊、枸杞及豆漿，以中小火煮至沸騰。撒入鹽、雞精和白胡椒粉調味，即可起鍋。

**養生功效**

- 山藥味甘性平，具有健脾補肺、固腎益精、聰耳明目、助五臟、強筋骨、延年益壽的功效。
- 雞肉營養豐富，富含蛋白質，有增強體力、強壯身體的作用。
- 本品湯汁濃厚，有很好的滋補養生功效。

豆漿料理

# 豆漿蔥菇濃湯

康復期血氣不足的病人
可每週飲用 2~3 次。

**材料：**

豆漿 200 毫升，奶油 6 克，洋蔥、蘑菇各 5 克，鹽、白糖、胡椒粉、火腿末各適量。

**做法：**

1. 洋蔥、蘑菇均洗淨，切碎。
2. 將碎洋蔥、碎蘑菇、火腿末和奶油放入豆漿機中，加水打成濃湯，倒入豆漿煮開，加入鹽、白糖和胡椒粉，拌勻即可。

**養生功效**

洋蔥有理氣和胃、發散風寒、溫中通陽、健脾、消食的功效，可助消化和預防感冒。蘑菇有提高身體免疫力、通便排毒的作用。血氣不足、體質偏弱的人可以用此湯來滋養身體。

# 豆渣饅頭

直接在豆渣中放酵母的話，饅頭可能發不上來，可以先用水溶解酵母後，再用麵粉等混合。

**材料：**

豆渣 100 克，麵粉 280 克，鹽 2 克，白糖 10 克，油 5 克，酵母 3 克。

**做法：**

1. 將豆渣、麵粉、鹽、油、白糖和酵母加溫水，攪拌，和成麵團，蓋上濕布，放在一個溫暖的地方發酵至兩倍大。
2. 將麵團揉搓成圓柱，切成小塊，揉成圓形或方形。
3. 將小塊麵團坯放在裝有濕籠布的蒸籠上，中火蒸 20 分鐘即可。

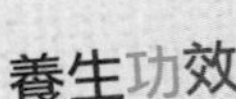

**養生功效**

✓ 豆渣饅頭含有大量膳食纖維，對消化系統非常有益，能促進消化、增強食欲，還有利於保持體型。

豆渣料理

# 什蔬炒豆渣

豆渣要提前用紗布包好，擠去水分，口感會更加鬆軟酥香。

**材料：**

豆渣250克，青椒、紅椒、紅蘿蔔、芹菜各3克，乾香菇3朵，料酒、蔥末、鹽各適量。

**做法：**

1. 用水把乾香菇泡發，洗淨，切碎；青椒、紅椒均洗乾淨，切碎；紅蘿蔔洗淨，切小丁；芹菜擇洗乾淨，切碎。
2. 油鍋燒至七成熱，炒蔥末，放入青椒、紅椒、香菇、紅蘿蔔、芹菜，淋入料酒，繼續翻炒幾分鐘。
3. 放入豆渣，翻炒至熟，加鹽調味即可。

**養生功效**

✓ 這道菜含豐富的膳食纖維，具有清熱解毒的功效。且能吸附食物中的糖分，減少腸壁對葡萄糖的吸收。可作為糖尿病、肥胖病患者的食療佳品。

豆渣料理

# 豆渣椰汁粥

糖尿病、消化性潰瘍、腹瀉等患者忌食。

**材料：**

豆渣 100 克，燕麥片 50 克，椰汁 30 毫升，白糖適量。

**做法：**

1. 在鍋中加入清水燒開，放入豆渣、燕麥片、白糖繼續煮開。
2. 加入椰汁拌勻即可。

**養生功效**

✓豆渣椰汁粥口感潤滑、香濃可口。椰汁含有蛋白質、脂肪、碳水化合物、維生素B群、維生素C及鉀、鎂等元素，能夠有效提高身體的抗病能力，還能滋潤皮膚、駐顏美容。

豆渣料理

# 豆渣素丸子

炸好後的豆渣丸子可搭配番茄醬或胡椒鹽食用。

**材料：**

豆渣 100 克，雞蛋 2 個，麵粉 30 克，紅蘿蔔 50 克，白胡椒粉、鹽各適量，油 200 毫升。

**做法：**

1. 雞蛋在碗中打散；紅蘿蔔洗淨，切碎。
2. 豆渣、蛋液、麵粉、紅蘿蔔碎末在大碗中混合，調入鹽和白胡椒，攪拌均勻成糊狀。取適量混合好的豆渣糊，揉成丸子。
3. 鍋中倒入油，中火燒至六成熱，放入揉好的丸子，炸 2~3 分鐘，至聞到香味熟透即可。

**養生功效**

✓ 豆渣素丸子富含膳食纖維、蛋白質、不飽和脂肪酸等營養，適合便秘者食用。

# 豆渣料理 辣味肉末炒豆渣

豆渣會黏鍋底，最好使用不沾鍋。油可以適量多倒一點點。

**材料：**

豆渣200克，肉末30克，蔥花、紅辣椒、鹽、胡椒粉各適量。

**做法：**

1. 紅辣椒洗淨，切碎；肉末洗淨，炒好備用。
2. 不沾鍋燒熱，倒入花生油，油熱後倒入切碎的紅辣椒，炒香，再倒入炒過的肉末，翻炒片刻。
3. 加入豆渣、蔥花、胡椒粉一起翻炒至熟，有很濃的豆香味。起鍋時加適量鹽巴調味即可。

**養生功效**

這樣炒來吃的豆渣，口感一粒一粒的很酥鬆。豆渣中含有較多的皂角苷，有抗癌作用，常吃可降低乳腺癌、前列腺癌、胰腺癌及大腸癌的發病率。

豆渣料理

# 一品海鮮豆渣

給嬰幼兒吃魷魚時，一定要再切成小塊，以免卡喉。

**材料：**

豆渣200克，蝦仁、魷魚片、蟹柳各50克，青椒、紅椒、紅蘿蔔、青蘿蔔、鹽、味精、胡椒粉各適量。

**做法：**

1. 紅蘿蔔洗淨，切小丁，用熱水汆燙，撈出瀝乾；青蘿蔔洗淨，切絲，用熱水汆燙，撈出瀝乾；豆渣下入熱油鍋中炒散；蝦仁、魷魚片、蟹柳均洗淨，切成小粒，用熱水汆燙，撈出瀝乾；青椒、紅椒均洗淨，切成小粒。
2. 炒鍋倒油燒熱，放入蝦仁、魷魚片、蟹柳、紅蘿蔔丁、青椒粒、紅椒粒、青蘿蔔絲略炒，加入豆渣繼續翻炒，放入適量鹽、味精等調料，至豆渣熟即成。

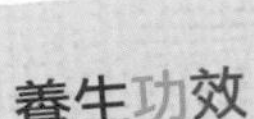

**養生功效**

豆渣中含有豐富的膳食纖維、蛋白質、異黃酮和維生素等營養物質，搭配蝦仁等海鮮，蛋白質含量更豐富了，口味鮮香。

豆渣料理

# 豆渣鬆

豆渣鬆可以拌飯、配稀飯吃，
也可以當下酒菜。

**材料：**

豆渣200克，核桃仁60克，白芝麻25克，海苔、白糖、五香粉各適量。

**做法：**

1. 核桃仁、海苔均切碎。
2. 炒鍋倒油燒熱，放入核桃、白芝麻，小火乾炒至金黃色，盛出放涼。
3. 把豆渣、白糖、五香粉、鹽放入炒鍋中翻炒一會兒，再把步驟2做好的核桃、白芝麻加入鍋中，撒入海苔即可。

**養生功效**

✓用豆渣、核桃、白芝麻、海苔做成的豆渣鬆，具有補鈣、健腦、促進新陳代謝等保健功效。

豆渣料理

# 豆渣炒雪菜

可以用醃漬過的雪菜，也可以用新鮮的青菜代替。

**材料：**

豆渣 150 克，雪菜 50 克，乾辣椒、鹽各適量。

**做法：**

1. 雪菜洗淨，切碎；乾辣椒洗淨，切小段。
2. 炒鍋放油，燒熱，放豆渣小火翻炒，加一點鹽，喜歡吃辣的可放兩個乾辣椒，等豆渣變成金黃色的時候放入雪菜，略炒一下即可起鍋。也可以根據自己的口味搭配各種蔬菜。

**養生功效**

✓ 雪菜能解毒消腫，開胃消食，溫中利氣，明目利膈，胸膈滿悶、咳嗽痰多、耳目失聰、牙齦腫爛、便秘等病症有緩解作用。雪菜炒豆渣，營養豐富，酸香可口，做法簡便。

# 豆渣料理 豆渣炒白菜

切大白菜時順其紋理切，
這樣白菜易熟，維生素流失少。

**材料：**

豆渣、白菜各250克，蔥花、鹽、味精各適量。

**做法：**

1. 豆渣瀝水，炒乾；白菜擇洗乾淨，切成段。
2. 炒鍋放油，燒熱，放蔥花炒香，再放豆渣略炒。
3. 加入白菜、鹽、味精，翻炒入味即可。

**養生功效**

白菜味甘性寒，有清熱除煩、養胃生津、通利腸胃、解毒的功效。豆渣與白菜搭配，富含膳食纖維，對肥胖、減肥的人來說是很好的菜餚。

# 豆渣粥

玉米中的維生素 B5，人體極難吸收利用，所以煮粥時可以加些食用鹼，促進吸收。

**材料：**

豆渣 100 克，玉米麵粉、白糖各適量。

**做法：**

1. 豆渣、玉米麵粉加少許水，調成稀糊狀。
2. 鍋中放入水、豆渣糊，煮開，撒入適量白糖調味即可。

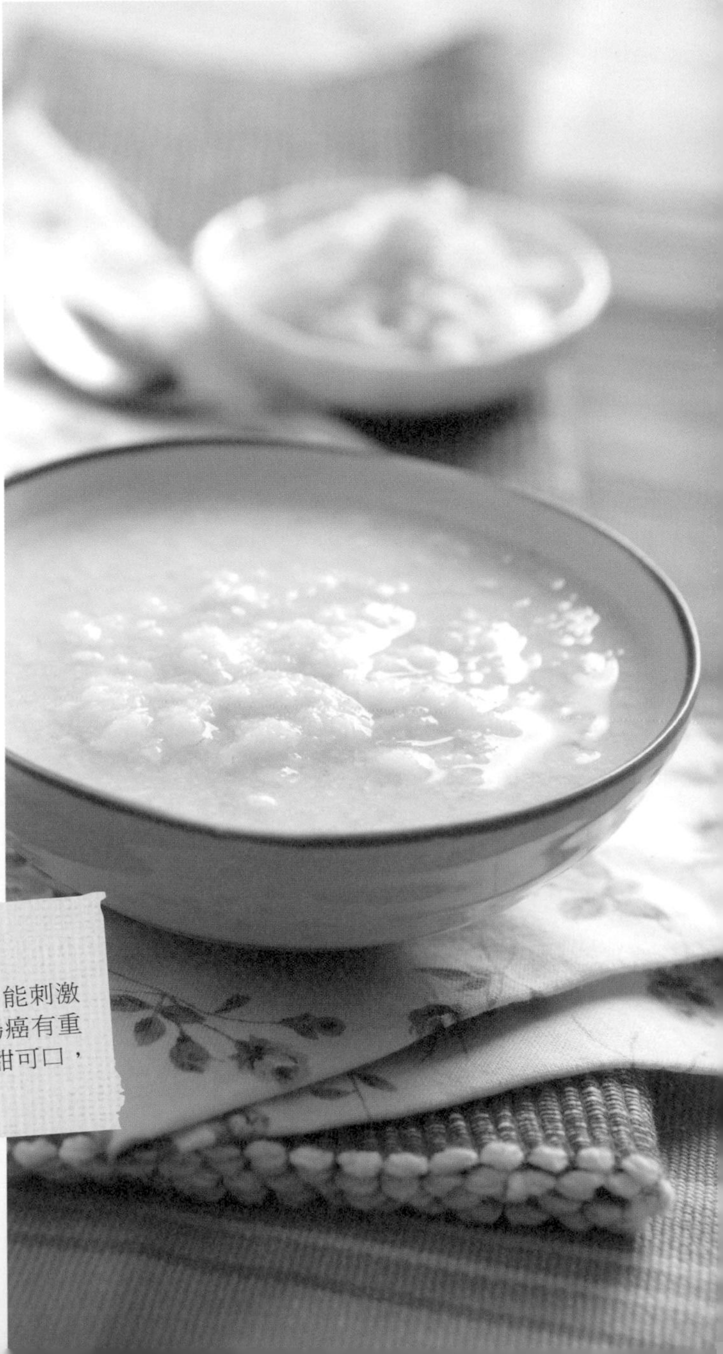

**養生功效**

玉米麵粉含有大量膳食纖維，能刺激腸胃蠕動，對防治便秘、直腸癌有重要作用。搭配豆渣製成粥，香甜可口，營養豐富。

# 第七章
# 豆漿機做米糊

豆漿機不僅能做美味的豆漿，

還能做營養豐富的米糊，很適合有嬰幼兒的家庭。

只要多用心思，美味無處不在。

# 花生米糊

## 材料：

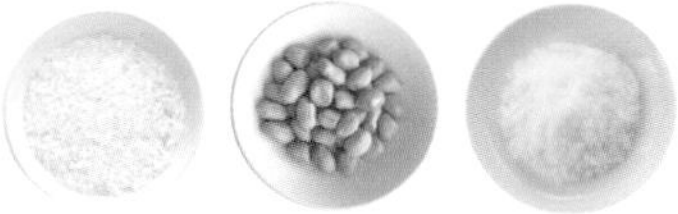

米 60 克，熟花生仁 20 克，白糖適量。

## 做法：

1. 米淘淨，用水浸泡2小時。
2. 將米和熟花生仁倒入全自動豆漿機中，加水至上下水位線之間，煮至豆漿機提示米糊做好，加白糖調味即可。

### 養生功效

益氣補血，尤其是花生仁的紅色包衣，能養血、止血。這款米糊也適合蠻 8 個月的幼兒食用，營養豐富，可滿足嬰幼兒的生長需要。

# 玉米米糊

**材料：**

米 40 克，鮮玉米粒 30 克，綠豆 20 克，紅棗 15 克。

**做法：**

1. 綠豆淘淨，用清水浸泡 4~6 小時；米淘洗乾淨；紅棗洗淨，去核，切碎；鮮玉米粒洗淨。
2. 將米、綠豆、鮮玉米粒和紅棗碎倒入全自動豆漿機中，加水至上下水位線之間，煮至豆漿機提示米糊做好即可。

**養生功效**

✓ 玉米具有降血壓的功效，非常適合高血壓患者。

# 黑芝麻米糊

哺乳中的媽媽每天一杯黑芝麻米糊，既補充乳汁又可預防掉髮。

**材料：**

  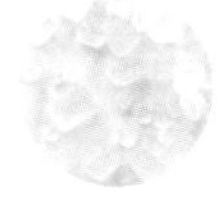

米 60 克，黑芝麻 20 克，糖適量。

**做法：**

1. 將米、黑芝麻分別淘洗乾淨。
2. 將米、黑芝麻倒入全自動豆漿機中，加水至上下水位線之間，煮至豆漿機提示米糊做好，加糖調味即可。

**養生功效**

✓ 芝麻富含維生素 A、維生素 E，以及鐵、鈣等重要的微量元素，具有抗氧化作用，可以護肝保心，護髮嫩膚，此米糊最適合孕婦食用，不但可緩解便秘之憂，更可以補充必需脂肪酸，是孕期的必食佳品。

# 南瓜米糊

**材料：**

米 100 克，南瓜 150 克，葡萄乾 20 克。

**做法：**

1. 將南瓜去皮，去籽，切片；米泡 2 個小時以上；葡萄乾洗淨。
2. 將所有材料倒入全自動豆漿機中，加水至上下水位線之間，煮至豆漿機提示米糊做好即可。

**養生功效**

- ✓南瓜含有維生素和果膠，可解毒、保護胃黏膜、幫助消化、促進潰瘍癒合，適宜於胃病患者。
- ✓南瓜含有豐富的鈷，鈷能活躍人體的新陳代謝，促進造血功能，並參與人體內維生素 $B_{12}$ 的合成。

# 紅薯米糊

**材料：**

 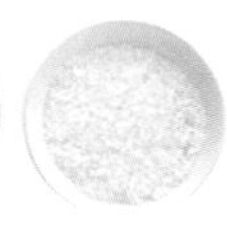  

紅薯 250 克，米 30 克，
燕麥片 20 克，薑片 5 片。

**做法：**

1. 將紅薯洗淨，切成粒狀；米淘洗乾淨。
2. 將所有材料倒入全自動豆漿機中，加水至上下水位線之間，煮至豆漿機提示米糊做好即可。

**養生功效**

✓ 紅薯含有獨特的黃酮素成分，這種物質既防癌又可抑制膽固醇的積累，能保持血管彈性，紅薯熱量低，是理想的減肥食品，其與燕麥、米、薑片做成糊，更能達到獨特的功效。

# 核桃小米糊

加了薑片的豆漿不宜在晚上喝。

**材料：**

小米 70 克，核桃仁 30 克，薑片 5 片

**做法：**

1. 將小米、核桃仁、薑片均清洗乾淨。
2. 將所有材料倒入全自動豆漿機中，加水至上下水位線之間，煮至豆漿機提示米糊做好即可。

**養生功效**

✓ 核桃仁含有脂肪、蛋白質、碳水化合物、磷、鐵、$\beta$ 胡蘿蔔素、核黃素等成分，除了潤腸通便外，還有補腎固精、溫肺定喘、補血益氣、補腦的功能，可輔助治療腎虛喘咳、腰痛腳弱、陽痿遺精、小便頻數、大便燥結，長期服用，效果更佳。

綠豆

紅豆

黑豆

碗豆

青豆

# 如何使用果汁機做豆漿？

**材料：**

1. 黃豆
2. 水
3. 糖
4. 果汁機
5. 濾布 ( 市售專用濾布 )

**製作方式：**

1. 黃豆洗淨後放入容器加水，因泡水後的黃豆會膨脹約 2 倍，所以水量要淹過黃豆，冬天可浸泡一夜，夏天氣溫高約 5 至 8 小時即可，泡後如未馬上做可放入冰箱。
2. 將過濾布袋洗乾淨備用，放在大鍋子上備用
3. 黃豆泡好瀝乾，以一杯 ( 碗 ) 黃豆兩杯 ( 碗 ) 水的比例放進果汁機打碎。
4. 將果汁機內攪細的黃豆漿和渣倒入過濾布袋過濾，並用雙手用力擠出生豆漿。將分次完成後的生豆漿表層上的泡沫舀掉。
5. 用中火煮滾鍋子裡的生豆漿，需要不停的攪拌，否則鍋底會燒焦。或是放入大同電鍋中，外鍋加入二杯水，電鍋鍋蓋留一小縫可防止豆漿溢出 ( 編者較推薦此法，煮的過程中不需攪拌，豆漿也不會溢出 )。
6. 最後趁熱依自己喜好的量拌入糖，即可完成香濃營養的豆漿。

# 自製養生豆漿大全

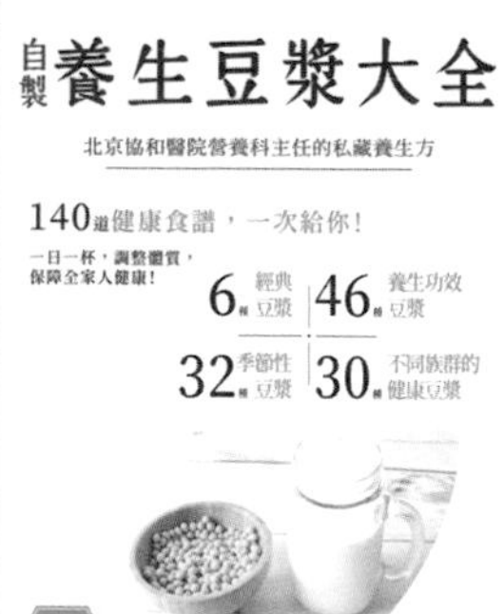


| | |
|---|---|
| 作　　者 | 李　寧 |
| 發 行 人 | 林敬彬 |
| 主　　編 | 楊安瑜 |
| 編　　輯 | 陳亮均、吳培禎 |
| 助理編輯 | 黃亭維 |
| 內頁編排 | 柯妙曄 |
| 封面設計 | 李建國 |
| 編輯協力 | 陳于雯．林裕強 |
| 出　　版 | 大都會文化事業有限公司 |
| 發　　行 | 大都會文化事業有限公司<br>11051 台北市信義區基隆路一段 432 號 4 樓之 9<br>讀者服務專線：（02）27235216<br>讀者服務傳真：（02）27235220<br>電子郵件信箱：metro@ms21.hinet.net<br>網　　　址：www.metrobook.com.tw |
| 郵政劃撥 | 14050529 大都會文化事業有限公司 |
| 出版日期 | 2013 年 04 月初版三刷 ・2019 年 11 月修訂初版一刷 |
| 定　　價 | 320 元 |
| I S B N | 978-986-98287-1-0 |
| 書　　號 | Health+146 |



國家圖書館出版品預行編目 (CIP) 資料

自製養生豆漿大全 / 李寧主編. -- 修訂初版. -- 臺北市：大都會文化, 2019.11
176 面；17×23 公分

ISBN 978-986-98287-1-0（平裝）
1. 大豆 2. 飲料 3. 豆腐食譜

427.33　　108015622

大都會文化　　讀者服務卡

書名：自製養生豆漿大全

謝謝您選擇了這本書！期待您的支持與建議，讓我們能有更多聯繫與互動的機會。

A. 您在何時購得本書：______年______月______日

B. 您在何處購得本書：___________書店，位於___________(市、縣)

C. 您從哪裡得知本書的消息：

1.□書店　2.□報章雜誌　3.□電台活動　4.□網路資訊

5.□書籤宣傳品等　6.□親友介紹　7.□書評　8.□其他

D. 您購買本書的動機：（可複選）

1.□對主題或內容感興趣　2.□工作需要　3.□生活需要

4.□自我進修　5.□內容為流行熱門話題　6.□其他

E. 您最喜歡本書的：（可複選）

1.□內容題材　2.□字體大小　3.□翻譯文筆　4.□封面　5.□編排方式　6.□其他

F. 您認為本書的封面：1.□非常出色　2.□普通　3.□毫不起眼　4.□其他

G. 您認為本書的編排：1.□非常出色　2.□普通　3.□毫不起眼　4.□其他

H. 您通常以哪些方式購書：(可複選)

1.□逛書店　2.□書展　3.□劃撥郵購　4.□團體訂購　5.□網路購書　6.□其他

I. 您希望我們出版哪類書籍：（可複選）

1.□旅遊　2.□流行文化　3.□生活休閒　4.□美容保養　5.□散文小品

6.□科學新知　7.□藝術音樂　8.□致富理財　9.□工商企管　10.□科幻推理

11.□史地類　12.□勵志傳記　13.□電影小說　14.□語言學習（_____語）

15.□幽默諧趣　16.□其他

J. 您對本書（系）的建議：

________________________________________

K. 您對本出版社的建議：

________________________________________

## 讀者小檔案

姓名：______________ 性別：□男　□女　生日：____年____月____日

年齡：□20歲以下 □21～30歲 □31～40歲 □41～50歲 □51歲以上

職業：1.□學生 2.□軍公教 3.□大眾傳播 4.□服務業 5.□金融業 6.□製造業

7.□資訊業 8.□自由業 9.□家管 10.□退休 11.□其他

學歷：□國小或以下 □國中 □高中／高職 □大學／大專 □研究所以上

通訊地址：________________________________

電話：（H）______________（O）______________ 傳真：______________

行動電話：__________________E-Mail：__________________________

◎謝謝您購買本書，歡迎您上大都會文化網站（www.metrobook.com.tw）登錄會員，或至Facebook（www.facebook.com/metrobook2）為我們按個讚，您將不定期收到最新的圖書訊息與電子報。

# 自製養生豆漿大全

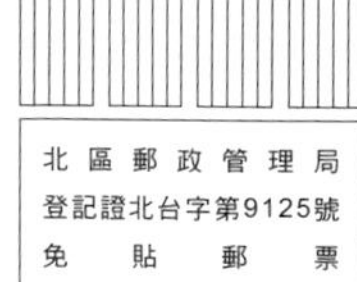


**大都會文化事業有限公司**
**讀者服務部　收**

11051台北市基隆路一段432號4樓之9

寄回這張服務卡〔免貼郵票〕
您可以：
◎不定期收到最新出版訊息
◎參加各項回饋優惠活動

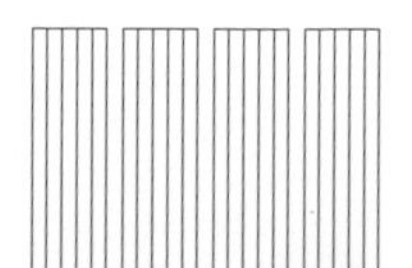